AF588724

LA PRATIQUE AGRICOLE

DES FLANDRES

BIBLIOTHÈQUE DE L'AGRICULTURE PROGRESSIVE

NOTIONS ÉLÉMENTAIRES

SUR LA

PRATIQUE AGRICOLE

DES FLANDRES

TRADUIT DE J.-G. VAN DEN BOSCH

ET ANNOTÉ

SOLS ET ENGRAIS. — INSTRUMENTS.
PRAIRIES, PATURAGES ET BÉTAIL. — CULTURE DES GRAINS ET DES GRAINES FARINEUSES,
DU TRÈFLE ET DE LA SPERGULE, DES TUBERCULES
ET DES RACINES, DES PLANTES OLÉAGINEUSES, TINCTORIALES, TEXTILES, ETC.

PARIS
NOUVELLE LIBRAIRIE AGRICOLE ET HORTICOLE J. LOUVIER
25, QUAI DES GRANDS-AUGUSTINS

—

1859

LA PRATIQUE AGRICOLE

DES FLANDRES

PRÉLIMINAIRE

L'agriculture flamande a servi jadis de modèle aux agronomes anglais, français et allemands, et malgré les immenses progrès faits depuis le dernier siècle en France, en Angleterre et en Allemagne, les pratiques de l'agriculture flamande sont encore supérieures à celles des pays voisins, surtout en ce qui concerne la petite et la moyenne culture.

En donnant ici des notions élémentaires sur la *pratique agricole* des Flandres, nous n'avons pas eu pour but d'indiquer un modèle à copier servilement partout et toujours, mais bien de donner un ensemble de détails qui peuvent être imités partout en les modifiant suivant les circonstances économiques et métérologiques du lieu où l'on se trouve.

La Flandre française possède un sol généralement favorable à la culture et des conditions commerciales tellement avantageuses que la culture y est très-morcelée et très-riche. On n'y trouve que par exception des fermes de de 100 à 180 hectares ; un assez grand nombre ne dépassent pas 25 à 50 hectares, et beaucoup ont moins de 20 hectares.

La Flandre belge, dans quelques parties surtout, est moins favorisée, et à ce point de vue, sa culture est encore plus intéressante à étudier.

A quelle cause attribuer l'état avancé de l'agriculture flamande depuis une époque reculée? Au bon gouvernement dont ont joui les Flandres avant la révolution de 1789 et à l'esprit de leurs laborieux habitants.

Les pages qui suivent sont la traduction d'un travail signé T. G. Van den Bosch, publié dans l'*Encyclopédie agricole* de Morton, l'ouvrage moderne le plus complet et le mieux fait de l'agriculture anglaise.

Les notes étrangères à ce travail sont renfermées entre deux [ ] crochets avec l'indication de la source d'où elles sont tirées, s'il y a lieu.

CHAPITRE PREMIER.

SOLS CULTIVÉS DANS LES FLANDRES

Les sols des Flandres peuvent être, pour la plus grande partie, compris dans deux classes : terres lourdes et terres légères ; la différence existant entre ces deux grandes classes de sols étant, comme de raison, la cause des divers modes de culture.

Mais il importe, pour la plus complète intelligence de la culture flamande, de classer les sols d'une manière plus détaillée.

Ainsi, parmi les sols légers nous avons d'abord le sol n° 1 ; c'est cette espèce de *bonne terre* composée d'une petite quantité de sable, également mélangé avec une espèce de terre noirâtre ou grise : si l'on saisit avec la main une poignée de cette terre, elle conserve ensuite la forme qui lui a été donnée. Cette terre absorbe l'eau promptement sans s'imbiber trop fortement, de façon qu'après la pluie aucune croûte dure ne se forme à la superficie du sol ou du sous-sol. Le sol n° 1 est le meilleur de nos sols légers ; avec un travail modéré, on peut y cultiver toute sorte de plantes. Il fournit du seigle, du sarrasin, des pommes de terre, du lin, du trèfle, des carrottes, des turneps (raves, navets), et sur les meilleures pièces, du froment et du colza ; mais il ne produit pas de bonnes récoltes de fèves.

Les sols n° 2 sont formés de terres d'un gris plus léger que les précédentes ou sont de couleur jaunâtre ; ce sont généralement des sols graveleux, et ils ont beaucoup moins de valeur que les n° 1. On cultive sur les sols n° 2 les mêmes plantes que sur les précédents ; mais il faut un tiers de plus de fumier, quoique la quantité et la qualité des récoltes soient toujours moindres que dans les sols n° 1. La profondeur du labour n'est généralement pas, dans ces sols, supérieure à $0^m,15$ centimètres ; au-dessous, le sous-sol ne diffère de la couche superficielle que par un moindre degré de fertilité dû à ce qu'il n'est pas cultivé. Il est parfaitement possible de donner à ces sols de profonds labours et d'accroître ainsi leur valeur.

Le sol n° 3 est celui appelé *terre à bruyère*, composé de sable grossier, sans agglutination ; il n'est pas favorable à l'agriculture, parce qu'avec une quantité de fumier double de celle nécessaire en terre n° 1, les meilleures parties des sols n° 3 sont seulement propres au seigle et au sarrasin ; sur les plus mauvaises portions de ce troisième genre de sol fleurit le genêt épineux, ou l'on y plante le sapin et parfois le chêne.

Les terres lourdes peuvent aussi être divisées en trois genres : sols n° 4 ou alluvions ; n° 5, argiles ou terres à briques ; n° 6, argiles très-tenaces ou terres à tuiles et à poteries.

Le n° 5, appelé *loam*, limon ou alluvion, est un mélange de sable et d'argile ; les sols les plus légers de ce genre sont considérés comme les meilleures terres pour la culture ; ils sont fertiles sans être trop compactes, — les mottes s'écrasant par le moindre choc. De telles terres s'imbibent facilement de l'eau des pluies et cependant la laissent passer quand elle vient en excès. Ce sont de bonnes terres arables et qui s'ameublissent si bien que les racines des plantes peuvent s'étendre d'elles-mêmes dans toutes les directions. Sur ces terres, les Flamands cultivent le *lin*, les *pommes de terre*, le *froment*, l'*orge*, le *colza*, les *fèves*, le *tabac* et le *houblon*.

D'autre part, les sols tenaces de ce même genre ou les *loams* argileux renferment une plus grande quantité d'argile ou d'alumine, et, par suite de leur trop grande ténacité, elles ne s'imbibent pas aussi facilement de l'eau des pluies, qui forme des croûtes dures à la surface, ce qui retarde l'action bienfaisante de l'atmosphère sur les particules terreuses. Dans le cas d'une sécheresse persistante, ces sols se crevassent, et leur dureté empêche les plantes de propager leurs racines, de sorte que souvent elles manquent des aliments nécessaires à leur croissance. Ces sols sont plus difficiles et plus coûteux à cultiver que les précédents ; on est forcé de les fumer pour un long temps avec du fumier d'étable. Ils produisent les mêmes récoltes que les *loams légers* du même genre ; mais le rendement est moindre en qualité et en quantité, bien qu'ils aient exigé plus de travail.

Les sols n° 5 ou les *argiles* ne sont pas aussi propres à la culture que les *loams argileux*, car tous les défauts que nous venons de reconnaître à ces derniers sont *ici* à un plus haut degré : en fait, quand ces terres n'occupent pas la surface totale d'un district, elles sont généralement dévolues à la production forestière. Dans quelques parties de la Flandre occidentale où se trouvent beaucoup de ces sols d'argile, — et où les habitants n'ont guère d'autre genre de terres, — on est obligé de les cultiver autant que possible. Dans ce but, les fermiers flamands labourent plusieurs fois successivement et avec beaucoup de peine leurs sols d'argile, ou, ce qui vaut mieux, ils les défoncent avec la bêche ; quand ces argiles ont été suffisamment exposées à l'air, elles deviennent moins tenaces et plus propres à la culture, et lorsqu'elles sont préparées avec du fumier pailleux d'étable et chaulées, elles donnent de bonnes récoltes de *froment*.

Les sols n° 6 ou *argiles à tuiles et à poteries* ne sont pas considérés par les Flamands comme propres à la culture ; ils sont à peine employés à la production forestière.

Outre les genres de sols que nous venons d'énumérer, nous en devons mentionner deux autres.

Les sols n° 7 sont graveleux et propres, par-ci par-là, à la culture ;

Suivant que le gravier est mélangé avec du sable ou avec de l'argile, ces sols graveleux sont dits légers ou lourds.

Quand les sols légers nos 1 et 2 contiennent des cailloux, ils peuvent souvent produire d'excellentes récoltes de seigle (dans lesquelles la proportion du grain à la paille est plus grande que dans les sols non caillouteux) ; mais il faut pour cela une bonne fumure de boues des rues ou de fumier court. On peut s'expliquer que la proportion du grain soit, dans ces sols caillouteux, plus grande que dans les autres, parce que le fumier est mieux conservé pour les plantes, et par la plus grande facilité de pénétration de l'air et de l'eau dans le sol, le mélange des pierres provoquant la descente de l'eau et en même temps préservant la terre d'une dessiccation complète.

De telles terres produisent de très-bonnes récoltes de seigle ou d'avoine après trois arrosages avec l'engrais liquide (provenant des tas de fumier, les urines des animaux) : la première fumure à l'engrais liquide est donnée avant l'ensemencement et les deux autres arrosages pendant la croissance de la récolte. Sur ces terres, on plante aussi des pommes de terre pour les porcs. Ces sols sont considérés comme impropres à d'autres récoltes, et l'emploi des fumiers longs et de la chaux leur est, dit-on, plus préjudiciable qu'avantageux.

Les sols graveleux lourds sont généralement consacrés à des taillis de chêne et de hêtre, bien que quelques laborieux fermiers, par une cultivation continue et de fréquents labours, corrigent cette terre et la rendent propre à l'agriculture en la fumant avec du fumier long d'étable et en la chaulant. Ils sèment d'abord sur ces sols des fèves, puis du froment et quelquefois un mélange de froment et de seigle ; ces terres produisent aussi d'excellentes pommes de terre qui ne sont pas grosses, mais d'une meilleure saveur que celles provenant des terres légères.

Les terres n° 8, sur lesquelles nous avons un simple mot à dire, sont les *marnes* que l'on trouve rarement en Flandre et qui toujours s'y présentent comme sous-sols à 90 ou 120 centimètres en dessous de la surface.

Ces marnes, d'une nature compacte et fertile, sont souvent mêlées avec des sols calcaires et sont généralement difficiles à cultiver. Souvent on extrait cette marne, on la met en tas en la mélangeant avec des boues, du fumier long ou toute espèce de résidus, pendant l'hiver ; et au printemps ces mélanges sont employés pour améliorer les sols pauvres ou les prairies.

En parlant de la nature des sols, nous emploierons les qualifications de chaud ou froid, sec ou humide et acide. Ces mots ne doivent pas être pris trop à la lettre ; ils ne sont que relatifs et désignent principalement des propriétés physiques.

Un sol est *chaud* principalement pour deux raisons : sa situation et sa sécheresse ; une terre qui a sa déclivité vers le sud est nécessairement plus *chaude* que celle exposée au nord ou à l'ouest ; et d'autre part, une terre légère qui s'égoutte bien ou est drainée, est plus chaude qu'une terre lourde qui retient l'eau plus longtemps et se *refroidit* continuellement par l'évaporation.

Les *sols acides* sont principalement ceux qui contiennent des sels métalliques (en Flandre, *rokaarde*). De tels sols ne peuvent être améliorés quand les sels y sont très-abondants, et ils ne produisent dans ce cas aucune récolte, pas même du bois.

Les défauts locaux de la terre ne peuvent être parfois entièrement enlevés, mais beaucoup d'eux peuvent être diminués.

Quand la terre est humide et froide par l'existence de *sources* cachées le drainage de ces sources est effectué par le moyen de canaux souterrains les Flamands cherchent la trace de la marche des sources, et alors au bout supérieur ils creusent un canal de 90 à 120 centimètres de profondeur qui est rempli de branches d'*aune* ou de *verne* recouvertes de pierres ou de cailloux, et rempli enfin avec la terre, de telle façon que la charrue peut passer sur le canal sans déranger les pierres. Ces canaux souterrains se déchargent dans des fossés ouverts.

Quand l'humidité n'est pas due à des sources, mais à l'eau qui s'écoule des terrains supérieurs et qui ne peut pénétrer le sous-sol, les Flamands essaient de se débarrasser de ces eaux par des fossés ouverts.

Le même genre d'amélioration est appliqué aux sols situés trop bas. Les terres sableuses telles que n°s 2 et 3 qui ont un bon sol supérieur, mais qui, à la profondeur de 46 à 60 centimètres, reposent sur quelque lit de matière ferrugineuse, doivent être labourées profondément ou défoncées de quelqu'autre façon, de sorte que le *minerai* vienne à la surface; et ces terres sont alors plantées en *chêne* ou en *bouleau*.

Les bons sols, tels que n°s 1 et 4, ont souvent, à une semblable profondeur, une couche de terre durcie, argile ou marne, qui empêche ou retarde la pénétration de l'eau, de sorte que ces sols sont *humides*, *froids* et *acides*. Quand ce mal est proche de la surface, la terre en souffre et le meilleur moyen pour l'améliorer, c'est de creuser des fossés, à la distance de 2^{m},40 ou à peu près, au travers le sous-sol rétentif, durci; ces fossés sont remplis avec le *sol superficiel*; et la mauvaise terre qui a été enlevée est mêlée avec un dixième de chaux et répandue sur la surface; un drainage est ainsi obtenu et l'amélioration de la récolte indique celle du sol.

Les n°s 2 et 3, desquels il a été dit qu'ils sont plus propres à être plantés d'arbres, servent comme terres arables quand ils sont traités de la même manière. En Flandre on dit qu'aucune terre n'est *mauvaise* quand elle est sous la charrue d'un bon cultivateur.

Nous pouvons encore parler séparément des sols des polders, ou des terres d'alluvions encloses, mais elles sont d'un moindre intérêt pour notre sujet, parce que le système d'agriculture en ces quartiers est encore susceptible d'une grande somme d'améliorations. Les sols sont là bons et fertiles ; ils se composent de lourdes argiles qui ont été lavées par les eaux, puis endiguées.

Généralement, le meilleur système de culture dans cette contrée se trouve dans le centre des Flandres, où, par l'habileté et l'industrie des fermiers, les mauvais sols ont été amenés à un tel degré de fertilité qu'ils peuvent être recommandés comme un exemple aux autres parties du pays.

[« Le sol de la Flandre française est peu incliné. C'est en quelque sorte une grande plaine que quelques coteaux seulement partagent en divers versants. Les parties les plus élevées se trouvent dans les arrondissements de Hazebrouck, de Cambrai et d'Avesnes.

» La nature du sol est très-variée. Dans l'arrondissement de Dunkerque, vers les bords de la mer, ce sont des alluvions modernes, très-sablonneuses sur le littoral de Dunkerque, et se transformant peu à peu en une argile marneuse, jaunâtre ou rougeâtre plus ou moins compacte, en s'avançant vers l'intérieur On trouve des sables gras et fertiles dans les moères, une argile très-grasse et fertile dans les relais de l'*Aa*, consacrés à des prés salés. On trouve enfin près de la montagne sablonneuse de Cassel une argile tellement compacte qu'elle est incultivable.

» Le sol de l'arrondissement de Lille est argilo-siliceux, la proportion de ces deux éléments variant suivant les places. Cette terre, d'après J. Cordier, est dite *terre à colza* : elle est poreuse et friable par suite d'une culture fréquente et soignée, depuis un temps immémorial. Elle absorbe facilement l'humidité et s'en débarrasse de même. Voici les détails d'analyse de cette terre d'après J. Cordier et Berthier. On remarquera que dans l'échantillon analysé on n'a pas trouvé de matières organiques : cela s'explique en partie parce que la terre fut prise un peu au-dessous de la surface, et que c'est une terre qui conserve peu les engrais et doit être fumée souvent.

» Le mètre cube de cette terre ni sèche ni humide pèse 1,437 kilogr. 500 gr.

» Desséchée lentement, cette terre forme une masse non fendillée, s'égrenant entre les doigts lorsqu'on la presse fortement ; elle est *blonde* et *grenue*, à grains très-fins. C'est une terre propre à la fabrication de briques peu solides et poreuses.

» Desséchée à l'air, cette terre déjà séchée lentement a encore perdu 0,034 d'eau, Analysée ensuite, elle a donné pour 10,000 parties en poids :

Silice.	7,819
Alumine.	714
Oxyde rouge de fer.	442
Chaux.	186
Magnésie.	78

Acide carbonique.	143
Eau.	577
Matières végétales.	point

» La silice ne se trouve pas dans cette terre à l'état de sable quartzeux, que l'on n'y rencontre qu'en très-faible proportion, mais bien dans un état particulier de combinaison avec la magnésie. C'est à cet état particulier de la silice, à la présence du carbonate de chaux et aux qualités physiques décrites ci-dessus que la terre des environs de Lille doit sa fertilité.

» L'arrondissement de Douai est très-peu accidenté : on y trouve quelques terres tourbeuses, des terres sablonneuses et un sable gras très-propre au lin. Ce n'est que par exception que l'élément calcaire se trouve prédominant dans les terres de cet arrondissement.

» Les environs de Valenciennes présentent une bonne argile siliceuse.

» L'arrondissement de Cambrai présente des sols argilo-sablonneux profonds. Par exception, des bancs de craie et un plateau argileux.

» Dans l'arrondissement d'Avesnes, le sol argilo-siliceux domine encore, mais il est moins fertile que près de Lille et de Valenciennes ; on rencontre ici la couche calcaire, et, par place, le schiste surmonté d'une mince couche de terre propre à la production de l'herbe.

» En résumé, le sol de la Flandre française est en général *argilo-siliceux*, frais, profond, bien ameubli et situé sur un fond calcaire. »]

CHAPITRE II.

CLIMAT.

[« Les hivers, dans les Flandres, sont assez froids, mais tempérés par suite de l'humidité du climat due au voisinage de la mer, à l'existence de nombreux cours d'eau, et à l'absence de montagnes élevées,

» Le printemps est tardif et assez court ; mais au commencement de l'été la végétation est très-rapide.

» La quantité de pluie tombée varie assez peu et peut être estimée à 0m,66 par année. Les vents dominants sont ceux de l'ouest et du nord-ouest. »]

CHAPITRE III.

DES PRAIRIES ET PATURAGES

Dans les Flandres on trouve beaucoup de prairies de différentes qualités ; on en rencontre de très-bonnes le long du haut et bas Escaut, de la Lys, de la Dender et de la Durme, rivières qui coulent au travers des meilleurs sols des Flandres. Parmi ces prairies, les meilleures sont celles qui sont situées sur les rives de la Durme et de l'Escaut, parce qu'elles peuvent être irriguées, quand on le juge convenable, par le moyen de la marée, de façon qu'elles peuvent être fauchées deux fois par an ; viennent ensuite les prairies qui, en hiver, sont inondées, et par leur situation favorable s'égouttent assez promptement ; le limon sert d'engrais à ces prés, de sorte qu'elles donnent une abondance de bonne herbe. Une grande partie de ces prairies est louée annuellement pour y faire du foin ; ou autrement le foin qu'elles produisent est vendu aux enchères ; elles sont, pour la plupart, la propriété de grands propriétaires fonciers qui n'ont pas de fermes dans le voisinage de ces prairies ; quand toutefois ils en ont, ils donnent souvent avec la ferme et en location autant de prairie qu'il en faut pour l'entretien ordinaire de la ferme. Mais la location séparée des grandes prairies a ses avantages aussi pour les petites fermes, dont la provision de foin est très-inégale, puisqu'elle dépend du plus ou moins bon rendement du trèfle et d'un hiver plus court ou plus long ; de sorte que pour ces fermiers il est meilleur et plus avantageux d'acheter leur foin que de prendre en location des prairies avec leur ferme.

Quoique les prairies dans les Flandres soient de bonnes propriétés et rapportent beaucoup, elles sont souvent négligées, particulièrement celles qui ne sont pas inondées chaque hiver. Les cultivateurs qui leur donnent les soins nécessaires essaient de les garder en bonne condition, soit en y apportant des curures de fossés ou tout autre terreau, soit en les fumant ou parfois en les *rompant*.

Parmi les cultivateurs qui fument leurs prés, beaucoup emploient pour cet usage les cendres de bois ou cendres de tourbes hollandaises ; et ils en mettent environ 22 hectolitres et demi par hectare (soit une épaisseur d'environ un quart de millimètre sur toute la surface) ; on répand ces cendres dans le commencement de mars.

D'autres améliorent leurs prés par d'autres expédients ; tous les trois ans ils ne font pas de foin et emploient leurs prairies seulement comme pâturages. Ils reconnaissent que le pâturage rapporte seulement moitié en argent de ce que donne le foin, mais que cette perte est compensée par un plus grand produit en foin dans les deux années qui suivent.

Quelques fermiers *scarifient* et *labourent* leurs prairies dans le but de les amender en agissant, pour ce propos, de la manière suivante : la terre, qui ne peut être inondée en hiver, est labourée en octobre ; mais celle qui peut être inondée n'est labourée qu'au commencement d'avril, à 10 centimètres de profondeur. Dix jours après ce labour, on y met la herse (retournée sens dessus dessous), dans le but de niveler la terre et de rompre les mottes ; ensuite on sème environ 269 litres d'avoine par hectare : on les enfouit à la herse.

D'autres labourent les prés deux fois ; la première fois en octobre, puis en mars, à une profondeur de 25 centimètres, tandis que derrière la charrue, deux ou trois hommes suivent en coupant deux ou trois fers du sous-sol qu'ils répandent à la surface. Cinq ou six semaines après, la terre est hersée et l'avoine semée.

Cette avoine produit une bonne récolte sans fumure et rapporte autant et quelquefois plus que le foin. Après la moisson, en septembre, le chaume est labouré pour préparer une seconde récolte d'avoine, qui donne encore un produit satisfaisant ; mais une troisième récolte ne paierait pas le travail. Sans fumer, dans la seconde récolte on sème (dans l'avoine) les meilleures graines d'herbes qu'on puisse se procurer, ou sinon du trèfle et des semences de pré tout ensemble ; les Flamands toutefois ne sèment jamais le trèfle sur une terre qui peut être inondée, parce qu'il serait détruit en hiver. Après la coupe du dernier trèfle, on considère comme important de répandre sur ces terres une fumure de cendres de bois ou de cendres de tourbes hollandaises, aussi bien pour les herbes semées seules que pour le trèfle semé en mélange avec les herbes.

Les Flamands sèment aussi, parfois, de l'orge d'été avec les graines d'herbes ; mais alors la terre doit être roulée ou *piétinée*. L'orge est plus favorable pour les herbes, parce qu'elle est mûre deux mois avant l'avoine et donne ainsi plus de facilité aux herbes de croître avant l'hiver.

Une autre manière d'améliorer les prairies, usitée communément en Flandre, c'est de labourer la terre très-superficiellement, immédiatement après la récolte du foin ; après avoir fumé avec des cendres, on sème ensuite les graines d'herbes, et on travaille la terre pour la niveler. Dans cette méthode, les herbes viennent mieux l'année suivante.

D'autres cultivateurs, qui ont trop de mousse dans leurs prés, les travaillent seulement avec la herse à dents de fer, et puis les fument avec des cendres hollandaises. Cette méthode n'est pas considérée comme aussi bonne que la précédente.

On trouve dans les Flandres des prairies beaucoup plus mauvaises que celles que nous venons de décrire : telles sont celles situées le long des canaux de *Bruges* et du *Sas de Gand*, le canal de Moer, le Langerlede ou le long des divers cours d'eaux qui reçoivent plus ou moins leurs eaux des mauvaises terres et des bois. On fait là très-peu pour l'amélioration des *prés* dont le sol est sableux ; mais ils sont souvent plantés d'aune et de saules, parce que ces arbres donnent un assez bon produit.

On trouve encore dans les Flandres un autre genre de prés, situés le long des grands ruisseaux et au pied des montagnes. Ces prés sont meilleurs ou pires, suivant leur situation et la nature du sol. Ils sont employés principalement comme pâture pour le bétail, parce que les cultivateurs préfèrent acheter le foin des terres à foin qui sont situées le long des rivières; ils estiment que pour eux une bonne pâture a au moins autant de valeur qu'un bon champ de terre arable de la même étendue; cet achat de foin leur procure aise et sécurité dans leur besogne, parce qu'ils n'ont pas besoin de cultiver autant de trèfle. Pour ceux qui n'ont pas de pâturage et doivent compter sur le trèfle et les racines, il y a souvent désappointement ; le trèfle et les racines peuvent échouer par les gelées ou une sécheresse persistante, et alors les cultivateurs (sans pâturages) peuvent sentir la vérité de ce vieux proverbe flamand :

Pauvreté dans l'étable, c'est pauvreté partout.

Les Flamands ont souvent essayé de cultiver la luzerne, le sainfoin et d'autres plantes pour fourrages; mais le grand trèfle rouge, de mai à septembre, mangé dans l'étable et puis pâturé, a toujours donné plus d'avantages. Quand on n'a pas besoin de tout le trèfle pour fourrages, la première coupe est quelquefois *fanée* pour être consommée en hiver.

En quelques places où l'on ne trouve que de pauvres sols sableux ou graveleux et où il n'y a pas de rivières, les Flamands adoptent un système de pâturage temporaire. Ici, on ne trouve aucun champ ouvert ; les terres sont communément longues et étroites et entourées de fossés ou de canaux, et closes par des haies qui sont plantées d'aunes et de chênes. Ce bois est coupé tous les dix ou onze ans. Quand le bois est âgé de sept ou huit ans et jette quelque ombre sur la terre, le sol est labouré superficiellement après la récolte du seigle, fumé avec 22 1/2 hectolitres d'engrais liquide par hectare, puis semé de graines de navets et de grossières semences de trèfle mêlées à quelques graines d'herbes, après quoi tout est laissé jusqu'au printemps. En mars, on arrache les navets pour les vaches, et en mai le bétail est amené sur la terre, où il trouve du jeune trèfle et des herbes. Ces champs restent ensuite en pâture pendant deux ou trois ans, après lesquels les haies sont coupées, et le champ est de nouveau employé comme terre arable ; ordinairement d'abord pour sarrasin sans fumure, ou pour avoine avec deux fumures d'engrais liquides ; dans la seconde année, la terre est préparée avec du fumier de vache, et on la cultive en seigle, puis après en turneps. Après cela viennent des pommes de terre, du lin, du trèfle et du seigle, puis ensuite de nouveau des turneps, après lesquels la terre reste de nouveau comme pâture.

Ces pâtures sont ordinairement moins bonnes que celles qui viennent naturellement ; c'est pour cette raison qu'on engraisse peu de bétail dans ces parties des Flandres ; mais on vend des animaux maigres aux fermiers qui habitent le long des rivières ou dans le voisinage des villes.

Les meilleures pâtures des Flandres et peut-être de l'Europe se trouvent dans le nord de la Flandre occidentale, et principalement dans le voisinage de *Dixmuiden*, où elles sont appelées *riches pâtures* (*vette garzen*).

Quoiqu'il faille au cultivateur de l'intelligence et de l'attention pour maintenir ses pâtures en bon état, c'est particulièrement à la nature originelle du sol que l'excellence de ces prés doit être attribuée.

[Dans la Flandre française il n'y a guère de prairies naturelles que sur le bord des rivières, particulièrement des rivières qui débordent, telles que la Lys, et là sont les meilleures prairies, car elles reçoivent tous les ans un limon fertilisant.

« Les prairies arrosées artificiellement sont une très-petite exception.

» On fauche les prés vers la fin de la floraison. En bonne année on a deux coupes, mais dans les prairies médiocres il est rare que l'on fasse plus d'une coupe ; le regain est pâturé. »

L'herbe fauchée est laissée en andains pendant vingt-quatre heures environ ; on la met alors en petits tas que l'on ouvre le troisième jour. Lorsque l'herbe s'est un peu aérée, on la met en tas plus considérables, puis enfin en meules assez fortes dans lesquelles le foin s'échauffe et achève de se *faire*. On peut alors le rentrer sans inconvénient soit lié, soit tel quel.]

« Dans la Flandre française, on estime tellement les pâturages clos qu'on les considère comme indispensables à la réussite d'une ferme ; aussi leur valeur est-elle très-élevée, de 5 à 9,000 francs, suivant les localités.

» Pour établir un pâturage, on commence par planter la haie de clôture. La terre est ensuite labourée, et un homme, en suivant la charrue, creuse dans la raie d'un fer de bêche et répand la terre sur les bandes du labour. Cette terre nouvelle est laissée ainsi tout l'hiver après qu'on l'a couverte de fumier. Au printemps, la terre et le fumier sont enfouis par un labour léger, et on donne plus tard un labour d'ensemencement pour fèves, blé ou avoine. A l'époque des binages on sème des herbes. Il faut au moins trois ans pour avoir une bonne pâture. Les plantes semées sont du paturin annuel et du paturin des prés, du vulpin des prés, etc.]

[» Quelques pâturages se conservent assez longtemps en bon état si l'on a soin d'étaler les excréments d'une manière uniforme, ou, ce qui vaut mieux encore, de dissoudre ces excréments dans de l'eau qui sert à arroser la pâture. »]

Cependant en général, il convient de fumer les prés. Dans l'arrondissement de Dunkerque, on met de 14 à 16,000 kil. de fumier d'écurie par hectare tous les trois ans. Ailleurs on fume moins souvent, mais plus fortement.

[Le bétail est mis au pâturage dans la dernière quinzaine d'avril et rentré dans le mois de novembre.

En principe, il faut que le nombre d'animaux soit en rapport direct avec la fertilité du pâturage, de telle façon que toute l'herbe soit consommée. Suivant donc la bonté des pâtures, on met par hectare au moins *une tête et demie* dans les plus mauvaises, et, au plus, quatre *têtes* dans les plus riches.]

CHAPITRE IV.

FUMIERS ET ENGRAIS.

Les engrais principalement employés dans les Flandres sont le fumier de cheval ; — ceux des bêtes bovines, des porcs, des moutons, des pigeons et du poulailler ; — en outre, la chaux et les vases mélangées, les boues des rues, les vidanges et l'engrais liquide ; les cendres hollandaises et flamandes ; les tourteaux de colza, de lin et de chènevis; les résidus des fabriques d'amidon, des imprimeries, des tanneries, des sucreries; la suie et les issues des abattoirs ; les résidus des marchés aux poissons.

Beaucoup de cultivateurs flamands sont habitués à mêler toutes sortes d'engrais ensemble, tandis que d'autres préfèrent conserver et employer chaque engrais séparement :

1° *Le fumier de cheval* est regardé comme un engrais sec, mais chaud et puissant, et il est employé sur les terres lourdes et humides ; il ameublit la terre mieux que tout autre engrais et agit promptement, mais il ne dure pas longtemps ;

2° *Le fumier de vache* est plus riche, mais non aussi chaud que le fumier de cheval : il ne fermente pas aussi vite, mais dure plus longtemps. La seconde récolte profite plus d'une fumure de fumier de vache que de celui de cheval ;

3° *Le fumier de porc* est considéré comme de moindre importance ; il est ordinairement mélangé avec le fumier de cheval, parce que autrement il en faudrait mettre un tiers de plus, et que malgré cela on n'aurait pas une récolte aussi bonne. Les porcs exigent plus de litière que les vaches et les chevaux ; leur fumier est humide et fermente moins, de sorte que la paille ne pourrit pas aussi aisément ; ce qui engage les petits cultivateurs qui doivent être très-économes, à porter le fumier de leurs porcs, en hiver, sur les champs de trèfle, et après, quand le fumier est séparé de la paille par les pluies, ils recueillent cette paille pour l'employer de nouveau comme litière sous les vaches. Quelques cultivateurs considèrent le fumier de porc comme bon pour les pièces de lin ; mais pour cet emploi, on met le fumier de porc, mêlé avec deux tiers d'autres fumiers, en tas pendant six ou sept semaines; on retourne trois fois les tas en arrosant à chaque fois avec quelques barriques d'engrais liquide.

4° *Le fumier de mouton* est le plus puissant ; il fermente plus que les autres fumiers. Six chariots de fumier de mouton servent autant que neuf charges d'autres fumiers, principalement dans les sols humides. Le fumier de mouton doit être employé avec prudence ; en trop grande quantité, il brûle l'herbe ; et en particulier, il ne doit pas être appliqué aux terres à lin, à moins que le lin ne vienne comme seconde récolte.

Dans les parcs ou bergeries où vivent les moutons, on extrait presque à 91 centimètres de profondeur le fumier et la terre qui s'en est imprégnée ; et deux fois par an, le fumier recueilli dans les bergeries est enlevé : au printemps, quand la terre est préparée pour l'avoine et en automne pour le seigle. Dans les bergeries, le fumier est quelquefois arrosé avec de l'eau pour empêcher qu'il ne se consume ; ceci est considéré comme important. Cette sorte de fumier se trouve principalement dans les grandes fermes où il y a de grands troupeaux, ou dans les lieux où des grandes routes et des communaux permettent l'entretien des moutons avec une faible dépense.

Parfois, quand il n'y a pas de moutons sur une ferme et que cependant l'on a besoin de fumier de mouton, le cultivateur s'arrange avec un marchand n'ayant ni terre ni bâtiment ; il fournit le logement et la paille, et le fumier lui appartient. Cent moutons bien nourris peuvent donner environ 50 ou 60 charrettes de fumier en un an.

5° *Le fumier de poulailler et de pigeonnier* est encore plus chaud et plus puissant que celui des moutons; mais la quantité produite est trop petite pour avoir une grande influence sur l'agriculture. Ordinairement, on jette cet engrais dans la citerne au purin. D'autres, toutefois, recueillent les excréments des poules et des pigeons, les sèchent, les pulvérisent et les emploient dans le jardin potager.

6° Dans les Flandres, on ne croit pas la chaux utile partout ; quelques cultivateurs même pensent qu'elle a un mauvais effet dans certains sols. La chaux est généralement employée sur les sols lourds et humides, soit argilo-siliceux, soit d'argile comme les sols N° 4 et 5. Sur les terres où le seigle est semé, environ 27 hectolitres de chaux sont répandus par hectare, plus ou moins suivant l'humidité et la ténacité du sol. On pense que l'influence de la chaux se fait sentir pendant trois ans ; elle est particulièrement utile quand les sols à bois sont préparés pour la culture, parce qu'elle dissout tous les résidus végétaux. La chaux échauffe et sèche tous les sols ; elle est toutefois considérée comme nuisible sur les terres légères telles que les Nos 1, 2 et 3.

Pour les terres lourdes, il vaut mieux mélanger la chaux avec les curures de fossés qui retiennent les engrais qui sont enlevés des terres par les pluies, les feuilles mortes et les plantes aquatiques. Ces curures sont mêlées avec les débris de paille, les fanes de pommes de terre, les chaumes, et lorsqu'elles sont en tas, un dixième ou un quinzième de chaux est ajouté. Un tel mélange est appelé par les Flamands — *tas éteints* — (*smoorhoop*) ou *étouffoirs*.

Pendant l'hiver, ce compost est retourné trois ou quatre fois, et au printemps, quelques jours avant qu'il soit mis sur le sol, on le retourne de nouveau, et alors peut-être deux ou trois charrettes de fumier de cheval y sont ajoutées.

7° *L'engrais des rues* est généralement utile, mais inégal, suivant la coutume de la ville ou du village où on le recueille. Quand tout est jeté dans les rues chaque jour et qu'il y a un grand mouvement de passants, il est naturellement meilleur et plus abondant. En Flandre, il est toujours recueilli soigneusement, et aisément vendu ; il convient à toute espèce de récoltes et principalement pour les pommes de terre, l'avoine et le seigle. On n'estime pas qu'il soit de longue durée dans le sol.

8° Les vidanges et l'engrais liquide qui en Flandre sont appelés — *court fumier* — sont de très-grande importance en agriculture. On les emploie particulièrement autour de *Ghent* (Gand), et dans le district de *Waas*, pour le lin, sur ceux des sols argilo-siliceux qui autrement seraient trop froids pour le lin. Cet engrais est exporté dans les Flandres, du Brabant, *Brussels* (Bruxelles), *Louvain* et *Antwerp* (Anvers), et même d'une grande partie des *Netherlands* (Hollande), le long de la *basse Schelde* (Escaut) et de la *Durme*.

Autour de *Ghent* (Gand), où les sols sont très-légers et pauvres, les vidanges sont employées comme engrais liquide; c'est-à-dire qu'on les répand sur les terres avant l'ensemencement de la manière suivante :

Un tonneau placé sur un châssis et traîné par un cheval contient l'engrais liquide; ce tonneau est percé au fond et au sommet d'une ouverture d'environ 20 centimètres de long, et ces deux ouvertures sont fermées par le même appareil. L'ouvrier est sur le cheval, et quand il est arrivé sur la pièce de terre à arroser, il ouvre la *cannelle* au moyen d'une corde, et alors le liquide coule sur une planche qui le répand également sur une largeur d'environ $1^{m},37$; la quantité qui tombe est réglée en faisant aller e cheval plus ou moins vite.

Les vidanges épaisses sont amenées sur les champs dans des cuves ou des tonneaux défoncés contenant ordinairement 812 kilog., la charge de deux chevaux. La fumure ordinaire pour le seigle, l'avoine et les pommes de terre est de 10,040 kilogr. par hectare. L'engrais est pris dans ces cuves et répandu autour au moyen d'une *pelle en bois*. Les bateaux employés pour le transport des vidanges les portent le long des diverses rivières des Flandres et les vendent suivant la distance du lieu où ils doivent les amener. A la distance d'une heure, ou environ 4,800 mètres de *Ghent*, les vidanges coûtent de 6 fr. 17 à 6 fr. 93 les 1,000 kilogr. Quelques-uns des marchands de cet engrais ont, le long des bords des rivières, des réservoirs qui sont divisés en dix parties d'environ 3 1/2 mètres cubes chacune et contenant ainsi chacune 4,870 kilogr. Et même, si ces *parties* coûtaient 56 fr. 25, ce ne serait pas encore trop cher en proportion de l'effet qu'elles produisent. Naturellement, toutefois, l'article est sujet à falsification.

L'engrais liquide est aussi recueilli dans des citernes, près des bâtiments de la ferme, et il est en grand usage, au point que ceux qui n'en peuvent assez recueillir de leur bétail en accroissent la quantité en y mélangeant de l'eau et des vidanges, ou des tourteaux de chènevis, de colza, des engrais de poules et de pigeons, et enfin des fumiers de moutons et de vaches.

Il y a des districts en Flandre où les matières fécales séchées sont mêlées avec des cendres, des fumiers de vache, de cheval et des boues, dans le but de les employer sur des sols légers.

9° *Cendres.* — Les cendres hollandaises sont très-estimées en Flandre ; elles sont importées de Hollande et généralement répandues sur le jeune trèfle et les prés pauvres. Quelques cultivateurs emploient aussi les cendres avec la semence du lin. Les cendres flamandes sont principalement des cendres de houille. Elles sont employées dans le même but que les précédentes, mais ne sont pas aussi bonnes ; les cendres de bois sont toutefois estimées au-dessus de toutes les autres, mais elles sont rares.

La surface des terres en bruyères et le gazon aussi sont parfois brûlés pour avoir les cendres, particulièrement quand les bruyères doivent être défrichées et mises en culture ; mais on emploie ces cendres sur la place même.

Les cendres de bois qui proviennent des savonneries et des blanchisseries sont toutes utiles ; les premières en raison de la chaux qu'elles contiennent, principalement pour les terres lourdes ; et les dernières pour les terres sèches et légères. — Ces cendres sont très-chères.

10° Les tourteaux de colza, de lin, de chènevis sont parmi les meilleurs engrais ; ils sont employés principalement vers Courtray et Thielt, le tourteau de colza particulièrement pour le lin, et le tourteau de chènevis pour le froment, l'avoine ou le seigle.

Les résidus acides des amidonneries et des imprimeries en calicot ne se trouvent pas en grandes quantités, et c'est aussi le cas des restes des tanneries, des abattoirs et des marchés aux poissons. Mais si l'occasion de se les procurer se présente d'elle-même, il faut les recueillir soigneusement, les mêler avec d'autres engrais; et ainsi ils sont très-utilement employés.

Les résidus des sucreries sont beaucoup estimés; ils sont jetés dans les citernes à engrais liquide, et quelques personnes croient ces résidus supérieurs aux vidanges.

La suie est le meilleur de toutes les espèces d'engrais pour les jeunes trèfles.

Dans les Flandres, les cultivateurs ont une parfaite connaissance de l'importance relative des différentes sortes d'engrais. Le Flamand dit que quiconque refuse une suffisante alimentation à ses terres et à ses vaches ne peut jamais en obtenir un profit suffisant. C'est pour cette cause que l'engrais est bien payé en Flandre et que dans le vrai centre du pays on en importe en quantités.

Outre les espèces d'engrais mentionnés ci-dessus, on fait beaucoup d'usage des *plantes aquatiques* qui sont coupées exprès dans les rivières, canaux et étangs. Cet engrais sert principalement pour les pommes de terre dans les sols légers; ces plantes sont mises dans les sillons et les pommes de terre plantées au-dessus et couvertes; une bonne récolte est ainsi généralement obtenue à condition toutefois que l'on aide à la fermentation par des arrosages à l'engrais liquide et par le terreautage.

[Les Flamands ne laissent perdre aucune espèce d'engrais; s'ils ne traitent pas leurs fumiers d'étable aussi bien qu'il serait désirable, puisqu'ils le jettent dans une dépressiou située au milieu de la cour, dans laquelle il croupit sans se faire, en revanche, ils recueillent soigneusement les urines de leur bétail et emploient tous les engrais qui se trouvent à leur portée.

La proportion de fumier de ferme mise par hectare varie, suivant la nature des terres, de 30,000 à 100,000.

Les Flamands évitent de laisser le fumier en tas sur les champs; ils le répandent et l'enfouissent le plus vite possible, pour empêcher la déperdition des gaz ammoniacaux.

Les urines des bestiaux et celles qui proviennent des villes, sont une des plus grandes ressources de la culture flamande, qui recueille ces engrais avec le plus grand soin.

Dans les parties de la Flandre française où la culture est très-morcelée, les bestiaux restant constamment à l'étable, on recueille beaucoup d'urine que l'on emploie comme engrais, ordinairement après l'avoir laissé fermenter dans la cave aux engrais liquides (pl. 1 et 2).

Ces caves se font ordinairement en briques, avec pavé en grès. Tous les matériaux peuvent être employés, pourvu que les joints soient bien remplis d'un mortier hydraulique et que toute la surface intérieure soit enduite d'une couche de ciment romain ou de tout autre ciment hydraulique qui rende les murs et le fond de la cave tout à fait imperméables.

Dans la planche 1, la cave s'appuie des deux côtés contre la terre ; autrement dit, il n'y a qu'un seul *berceau.* Cette disposition convient aux petites fermes.

La cave de la planche 2 est composée de plusieurs berceaux contigus dont les voûtes retombent sur des murs longitudinaux qui divisent ainsi la cave en plusieurs parties ; ce qui permet de classer les liquides suivant leur ancienneté, ou de faire des mélanges utiles avec des vidanges, des tourteaux, etc., etc. Cette dernière cave convient aux grandes fermes.

Les fosses à purin ne doivent pas être trop restreintes : il convient de leur donner une capacité de sept hectolitres par tête de gros bétail en stabulation. Si l'on veut *faire* de l'engrais liquide avec des vidanges, la capacité doit être plus grande. Du reste, on peut faire plusieurs caves contiguës de l'un des deux modèles décrits ci-dessus (planches 1 et 2).

[L'urine et l'engrais liquide dont elle fait partir ne doivent être employés qu'après leur fermentation, et immédiatement avant ou après le semis des graines. L'urine peut faire tort aux plantes en état de croissance; mais répandue sur des prairies elle fait périr les mousses et les lichens.

Cet engrais est bon pour toutes les récoltes, et spécialement pour les racines, les pommes de terre et le lin.

On doit répandre l'urine par un temps humide ou couvert, et le matin ou le soir. Pourtant quelques cultivateurs flamands croient devoir la répandre au milieu du jour en temps sec et n'y trouvent aucun inconvénient. L'effet de l'urine se fait sentir pendant trois ans dans les prés et un an seulement dans les terres cultivées.

[*Boues des villes.* — Elles sont recueillies avec soin à Lille, par un entrepreneur qui paie un droit fort élevé à la ville, et elles servent à faire des compost (avec divers résidus de la ferme), que l'on arrose avec de l'urine. Cet engrais tout préparé se vend 3 francs les mille kilogrammes, près de Lille.

[*Courte-graisse ou gadoue.* — On appelle ainsi dans la Flandre française le produit des latrines des villes : c'est, suivant les Flamands, l'engrais le plus énergique. Près de Lille, chaque cultivateur possède à proximité d'un bon chemin et non loin de sa ferme, une cave en briques, ou de simples fosses creusées en sols argileux et couvertes de planches. Le fermier vide les tonneaux de vidange qu'il rapporte de la ville dans sa cave ou dans ses fosses. Si les vidanges sont trop épaisses, on ajoute de l'eau ; si elles sont trop claires, on y jette de la poudre de tourteaux et on mélange bien le tout en agitant.

[Comme on le voit dans les planches 1 et 2, chaque cave a deux ouvertures, l'une dans la voûte (soit en haut, soit sur un des côtés), pour le remplissage et la vidange, et l'autre à l'un des bouts de la cave pour donner l'air nécessaire à la fermentation.

[Voici comment on répand cet engrais : à l'une des extrémités du champ, on place une cuve contenant environ 250 litres, on y vide un tonneau de la gadoue provenant de la cave, et un ouvrier répand cet engrais à 7 mètres autour de lui au moyen d'une espèce de grande cuiller en bois, dont le manche a 2 ou 3 mètres de long.

La cuve vidée, on la transporte à 14 mètres environ de la première station, et le chariot à tonneaux ayant suivi ce mouvement, on vide encore dans la cuve un des tonneaux de courte graisse que l'on répand comme il vient d'être dit.

Lorsque cet engrais est un peu épais on herse pour le recouvrir, sinon, le hersage est inutile. Près de Lille, la gadoue est ordinairement assez liquide, et on en met de 115 à 140 hectolitres par hectare, ce qui équivaut à une épaisseur de 1 à 1 millimètre 1/2 sur tout le champ.

Lorsqu'on veut appliquer l'engrais à des plantes repiquées (colza ou tabac, par exemple), un homme fait un trou au plantoir à côté de chaque pied, et un autre qui suit y verse une *pochée* d'engrais et on ferme le trou avec le pied.]

[*Vases*. — On n'attache pas partout dans la Flandre française de l'importance aux vases, à moins qu'elles ne soient tout à fait à proximité de la ferme : en outre, on ne les emploie que pour faire des composts.—Dans les environs de Bergues on emploie les boues et vases de Dunkerque, très-riches en débris de poissons ; on en fait des tas avec des lits alternés de marne, craie et terre : on n'y met pas de chaux.

[*Colombine*.—On produit peu de colombine dans les petites fermes de la Flandre française ; mais quelques fermiers achètent la vidange des pigeonniers des grandes fermes du Pas-de-Calais, à raison de 100 francs par an pour la fiente de 600 à 650 pigeons. Pour fumer un hectare de lin, tabac ou colza, on met la colombine produite par 780 pigeons.

[*Chaulage*. — Dans la Flandre française, on chaule, de temps immémorial, les terres très-compactes rougeâtres. Le chaulage n'est considéré comme nuisible que dans les terres contenant déjà beaucoup de calcaire, à condition toutefois de fournir suffisamment d'engrais.

[Ordinairement on se sert de chaux éteinte préalablement : on dépose la chaux en tas sur une éteule non encore labourée, et on la répand ensuite à la pelle, aussi uniformément que possible ; puis immédiatement après, on l'enfouit par un labour très-léger.

[On estime l'effet de la chaux à celui d'une demi-fumure.

La quantité fournie par hectare varie énormément : depuis 6 hectolitres à 100 et même plus, par hectare. Cette opération revient ordinairement tous les neuf ans, terme des baux.

[*Cendres*. — Les cendres de tourbe, dite *de Hollande*, sont plus alcalines que les cendres de tourbe du pays, parce qu'elles proviennent de plantes recouvertes par la mer. Leur effet est triple de celui des cendres du pays. — Les cendres de houille sont moins riches en potasse que les précédentes; mais elles ameublissent bien la terre. — Toutes les espèces de cendres doivent être répandues au printemps sur les prairies ou les graines de mars, et autant que possible par un temps humide ou couvert. — Dans l'arrondissement d'Avesnes, on met 1,000 kilogrammes de cendres et 3,000 kilogrammes de chaux, mélangées, par hectare.

[*Suie*. — Cet engrais est employé à raison de 50 hectolitres par hectare sur les jeunes colzas. La suie détruit ou chasse la plupart des insectes.]

CHAPITRE V.

INSTRUMENTS

Les instruments dont se servent les Flamands pour la culture de leur sol sont très-simples ; leurs formes sont assez connues pour qu'il ne soit pas nécessaire d'en faire ici une description spéciale.

La charrue la plus généralement employée est la charrue légère ou à patin : elle est employée dans les terres légères, et laboure à la profondeur de 102 à 304 millimètres. Ce travail est fait avec deux chevaux, ou dans les sols très-légers, quelquefois avec un seul.

La charrue Meclin (Malines) diffère seulement de la précédente par la verticalité de son coutre. Elle entre plus profondément en terre, et les Flamands atteignent avec cette charrue la profondeur de $0^m,304$ à $0^m,508$.

Pour les sols tenaces d'argile, et sur les terres rudes, les Flamands se servent d'une charrue à roues appelée la *charrue-coutre* (analogue au *harna* du nord de la France) ; elle est munie d'un double versoir. Deux, trois ou quatre chevaux sont attelés à cette charrue suivant la profondeur du labour. Mais pour la plupart, les charrues flamandes diffèrent seulement entre elles par les dimensions; en construction et disposition elles se ressemblent fort.

[Bien que la vieille charrue brabançonne ait servi de type aux meilleures charrues actuelles, elle ne peut être considérée comme étant sans défauts. Destinée à la petite culture qui ne peut disposer d'une grande variété d'instruments spéciaux, elle doit servir aussi bien pour les labours superficiels que pour les labours profonds, et à ce point de vue les charrues belges actuelles munies de bons régulateurs telles que celles de MM. Odeurs, Tixhon, Delstanche, etc., sont d'excellents instruments; mais la grande culture doit adopter des charrues spéciales, pour *labours super-*

ficiels, avec patin ou avant-train léger ; des araires purs pour labours profonds; des bisocs, des trisocs ou des extirpateurs pour les déchaumages superficiels, etc.

Ce n'est que par l'emploi d'instruments perfectionnés spéciaux que la grande culture pourra rivaliser avec la petite culture intensive des Flandres.]

La herse principalement employée dans les Flandres est triangulaire, et à dents de bois inclinées la pointe vers l'avant. Sur les sols légers, on se sert quelquefois de herses carrées. Sur les terres lourdes, beaucoup de cultivateurs font usage d'une herse-scarificateur.

Avec ces fortes herses, les Flamands ramassent d'abord les plus grosses mauvaises herbes, les racines et les chaumes, et ensuite ils font passer la herse légère. Sur les terres lourdes, ils se servent aussi de herses à dents de fer, parce qu'elles divisent mieux la terre en la coupant.

Une autre herse, dont les dents sont plus écartées, est principalement employée sur les grandes exploitations, pour étendre les feuilles de turneps (raves et navets) et de choux lorsqu'elles se trouvent en tas trop épais.

Outre la herse, on fait usage dans les Flandres de beaucoup d'autres instruments pour unir la terre. Parmi ces instruments se trouve le traîneau, qui se compose de quelques planches assujetties par des pièces de bois transversales. Cet instrument est particulièrement employé pour les semis de lin.

En place de ce traîneau, on emploie aussi une espèce de claie, principalement sur les terres fortes, où elle est employée alternativement avec la herse (pl. 5).

Un autre traîneau fait de *branches* et chargé de gazon ou de mottes de terre, sert principalement pour enfouir la semence et particulièrement la graine de lin ; pour cette semence, le traîneau est suivi par l'instrument décrit en premier.

Dans le même but, on se sert dans les Flandres de rouleaux en bois ; les plus lourds ont de 61 à 71 centimètres de diamètre, et sont employés sur les sols lourds ; les plus légers ont seulement de 30 à 41 centimètres de diamètre, et s'emploient sur les sols légers, principalement après l'hiver quand le blé a presque 10 centimètres de hauteur; ils sont considérés comme propres à presser la terre gelée et à prévenir les effets d'une sécheresse excessive ; ce roulage est fait par des hommes, parce qu'à cette époque il ne convient guère de faire passer le bétail sur les champs (pl. 6).

Parfois les Flamands se servent de rouleaux en pierre de 20 centimètres de diamètre et d'un tiers plus courts que le rouleau en bois. Le travail est fatigant avec le rouleau de pierre, mais il est préféré par quelques cultivateurs parce qu'il ferme mieux la terre. Un rouleau à huit faces armées de dents est employé sur quelques terres lourdes pour rompre les mottes, mais cet instrument n'est pas commun.

La bêche et la houe flamande doivent être mentionnées à cause de l'usage constant que l'on en fait et de leur influence sur le succès des récoltes.

La bêche flamande présente cette particularité que, pour la nature du sol, c'est certainement la plus grande bêche qui soit employée.

[La culture flamande employant beaucoup de bras, les instruments de culture manuelle sont tout particulièrement remarquables et dignes d'être adoptés partout. Nous donnons dans la planche 7 la représentation exacte des plus importants.]

CHAPITRE VI.

FAÇONS CULTURALES

Les meilleurs fermiers des Flandres savent que l'influence de l'atmosphère sur la terre est de première importance; c'est pour cela qu'il est presque de règle générale de labourer les chaumes immédiatement après le fauchage du grain, ou aussitôt que les récoltes sont enlevées.

En cas de sécheresse, les sols légers destinés aux récoltes d'été sont labourés seulement une fois avant l'hiver; les terres lourdes doivent ordinairement être labourées deux fois avant qu'elles soient assez divisées pour que le passage de la herse soit efficace. Si c'est possible, le second labour est donné en travers du premier.

Quand les Flamands labourent avant l'hiver, ils couchent les billons aussi haut que possible, afin que l'eau ne puisse y séjourner. Tous les fermiers ne sont pas convaincus de cette nécessité, mais la plupart reconnaissent que labourer profondément est une condition essentielle de la culture.

Néanmoins, il n'est pas admis dans les Flandres qu'il soit nécessaire de labourer tous les champs aussi profondément chaque année, et particulièrement les sols légers ne l'exigent pas; il est suffisant que le profond labour revienne tous les quatre ou cinq ans.

Dans les terres lourdes où le sous-sol est trop *ferme* sans être de mauvaise qualité, les Flamands labourent d'abord à une profondeur de 15 centimètres avec la charrue légère, qui est suivie de la charrue de Malines tirée par trois ou quatre chevaux, qui doit couper le sous-sol à une profondeur de 30 centimètres dans la même raie; les mauvaises herbes sont ainsi enterrées, et l'on acquiert un sol superficiel propre qui, toutefois, demande un tiers de plus de fumier.

Quand on sème de l'avoine ou que l'on plante des pommes de terre dans ce sol, on peut compter sur une bonne récolte, et généralement cette pratique exerce une influence favorable sur toutes les récoltes durant les cinq premières années.

Nombre de cultivateurs traitent ainsi chaque année une partie de leurs plus lourdes terres pour la récolte d'été.

Dans le pays de Waas, où tout est fait avec le plus grand soin par les petits contivateurs, la coutume générale est de défoncer la terre tous les cinq ans à une profondeur de 51 à 56 centimètres, et alors de cultiver des pommes de terre, des carottes et de l'avoine sur cette partie de leurs terres.

Pour cette opération ils font usage de bêches assez grandes pour atteindre toute la profondeur d'une seule tranche ou d'un seul fer de bêche. Dans les sols légers ils emploient des bêches de 31 centimètres de largeur en bois, garnies de fer à leur partie inférieure ; pour les sols lourds des bêches tout en fer et moitié moins larges sont employées. On pense généralement que les sols les plus lourds doivent être travaillés le plus profondément.

Tous les sols lourds, tels que les Nos 4, 5 et 6, doivent être partagés en petites planches de 1m,83 de largeur, assez fortement bombées et séparées par une dérayure pour l'égouttement des eaux. Les planches des sols N° 1 peuvent être plus larges et moins bombées ; celles du sol N° 2 encore plus larges, et les sols N° 3 peuvent être cultivés entièrement à plat sans rigoles d'égout.

Une particularité de la culture des Flandres c'est que les cultivateurs de ces pays prennent plus de peine pour nettoyer leurs terres des mauvaises herbes que dans tout autre pays. La plus terrible des mauvaises herbes que les Flamands aient à combattre c'est le chiendent. Il est considéré en Flandre, ainsi que partout, comme la plus grande difficulté que rencontre le fermier dans sa culture, et toutes espèces de travaux manuels ou d'attelage sont employées à sa destruction.

Le nettoyage de la terre, quand il ne s'agit que des mauvaises herbes ordinaires, se fait par les labours et les hersages, par la récolte-jachère, par la culture des pommes de terre et les abondantes et étouffantes récoltes de sarrasin et d'orge, et par le sarclage, lorsque les plantes sont jeunes. Les femmes et les enfants des petits fermiers font le sarclage sur leurs terres, et gagnent même quelque argent à le faire chez autrui ; ils rampent sur les champs armés d'une espèce de petite houe ou de grattoir en fer, et mettent toutes les mauvaises herbes dans leur tablier retroussé. Ces plantes sont portées à la ferme pour être données aux bestiaux, ou liées en tas sur les routes ou les places à fumiers.

Nulle récolte n'est plus soigneusement sarclée que le lin : on voit souvent plus de 40 femmes rampant sur ces champs aussitôt que le lin a de 10 à 13 centimètres de haut, ou dix à douze jours après l'ensemencement; on préfère les jeunes personnes parce que le lin n'est pas enfoncé ; pour la même raison on ne leur permet ni sabots ni souliers, et elles doivent ramper contre le vent, parce qu'alors les petites plantes se relèvent plus aisément d'elles-mêmes. Si les mauvaises herbes ne sont pas détruites par le premier sarclage, le reste est enlevé par un second passage.

La destruction des mauvaises herbes est une matière à laquelle on attache une beaucoup plus grande importance dans les Flandres qu'en tout autre pays. Cependant, le travail qu'elle exige n'est pas relativement aussi supérieur, parce que le sarclage étant toujours soigneusement fait, il y en a toujours moins à faire.

CHAPITRE VII.

DU BÉTAIL

En aucun pays on n'est aussi convaincu qu'en Flandre que la prospérité du cultivateur dépend du nombre de têtes de bétail qu'il peut maintenir dans ses étables. Bien que les fermiers flamands achètent tous les engrais qu'ils peuvent acquérir, leur principal soin est d'avoir autant de fumier de cour ou d'étable qu'il est possible ; c'est pour cela qu'ils cultivent beaucoup de récoltes fourragères et maintiennent constamment la nourriture à l'étable ; et on attribue à cette cause les grands succès des Flamands dans leur culture.

Les remarques suivantes ont trait principalement au centre des Flandres. Là, l'espèce bovine domine ; on garde rarement des moutons ; la seule exception étant là où il y a de grands troupeaux dont la propriété entraîne le droit de parcours sur les terres nues.

Les vacheries sont fournies, deux ou trois fois par jour, de litière de paille d'avoine ou de seigle, à raison de 5 kilog. 441 à 6 kilog. 348 par tête ; cette quantité, toutefois, est augmentée d'un tiers si le fumier est destiné aux terres lourdes ; on doit aussi observer que le fumier pour ces terres reste dans la vacherie un temps moindre, parce qu'il ne doit pas être aussi court (ou décomposé) que pour les autres sols.

Ordinairement le fumier est enlevé des étables tous les deux jours ; après quoi l'étable est nettoyée et lavée, ce qui est considéré comme salubre pour le bétail ; et d'un autre côté, toute l'eau, avec le fumier qu'elle dissout, est recueillie dans la citerne à engrais liquide, et chaque fois que cette dernière est pleine, on porte le liquide, avec avantage, sur les récoltes qui ont le plus besoin d'engrais.

Les vaches sont gardées principalement pour le lait et le fumier ; les bœufs sont rarement employés dans les Flandres pour la culture du sol.

L'élevage du bœuf présente peu de particularités : chacun s'efforce d'élever son propre bétail pour pouvoir juger de sa nature : quelques-uns des veaux sont gardés pour vaches laitières, les autres engraissés ; parmi les veaux mâles, le meilleur peut être élevé comme taureau, tandis que les autres sont castrés à un an et alors vendus comme bœufs, après quoi, séparément, ils sont engraissés dans les distilleries (1) ou les herbages fertiles.

Quand le taureau atteint vingt mois, on le trouve assez âgé pour servir, et ordinairement on le garde jusqu'à ce qu'il ait trente-six ou quarante-deux mois ; mais non plus longtemps parce qu'à ce moment il est plus propre à être engraissé et vendu.

Les vaches vèlent dans les mois d'avril ou mai, parce qu'à cette époque elles peuvent recevoir les meilleurs aliments.

Il y a beaucoup de variétés de races dans le bétail flamand.

Dans le nord des Flandres, où il y a plus de pâturage et où l'herbe est plus grossière que dans le sud, la race est plus forte ; les bœufs ont là une plus grande valeur, mais les vaches pour le lait ne sont pas supérieures.

La meilleure époque pour l'engraissement est, pense-t-on, de novembre en mai ; le bétail souffre moins du froid que du chaud, et reste plus tranquillement dans les stalles, parce qu'il n'est pas tourmenté par les mouches.

L'engraissement commence ordinairement quand les animaux ont de seize à vingt-quatre mois ; les vaches laitières sont aussi engraissées lorsqu'elles ont sept ou huit ans. Chaque vache ou bœuf reçoit, depuis septembre, trois paniers de turneps (raves ou navets) chaque jour, ce qui est égal à ce que l'on récolte en moyenne sur environ 6 mètres 68 décimètres carrés (2). Ces turneps, en place desquels on peut donner des carottes, des panais ou des pommes de terre, sont coupés avec une bêche dans une espèce d'auge en bois, et si on peut se procurer des grains de brasserie on en mêle un demi-panier (11 litres environ) aux racines coupées, sinon de la poudre de tourteau de lin ; la première substance donnant plus de lait et la dernière plus de graisse.

Les Flamands donnent aussi aux vaches et aux bœufs de la paille hachée de seigle, de froment ou de colza ; la dernière étant considérée par nombre

---

(1) Le traducteur de l'ouvrage de M. Van den Bosch a vu cette pratique très-souvent à Schiedam ; mais là les bœufs ne restent pas à la distillerie. Les aliments leur sont apportés aux pâturages dans des auges placées là, et les bœufs sont plus friands de ces résidus que de la meilleure herbe ou du meilleur foin ; ils en boivent quelquefois jusqu'à en souffrir. Mais cette alimentation est très-préjudiciable aux pâturages au point qu'il y a beaucoup de terres dans le voisinage de Schiedam qui sont presque nues.

(2) A raison de 50,000 kil. par hectare, cela fait 33 kil. 400 grammes. — Note du trad.

de cultivateurs comme la meilleure, tandis que d'autres l'estiment si peu qu'ils la brûlent dans le champ.

Tous ces aliments sont cuits en deux ou trois fois chaque jour durant l'hiver, ou chauffés avec de l'eau chaude et ensuite donnés au bétail. Quelques fermiers ont dans leur étable une chaudière et un grand bassin de pierre dans lequel ils mettent les divers aliments ensemble, et dont ils font un mélange qu'ils nomment *bras*. Après cette ration on donne aussi du foin et de la paille en hiver ; le foin de trèfle et la bonne paille d'orge sont préférables ; mais c'est encore mieux si on les donne *hachées*.

Les petits fermiers font cuire ou échaudent les aliments plus que les grands cultivateurs ; ils coupent plus les racines et opèrent mieux les mélanges ; et en retour, leur bétail produit beaucoup plus et paraît mieux ; ils donnent aussi en hiver un ou deux seaux de boisson chaude à chaque animal, en y mêlant 910 à 1,362 grammes de farine grossière, se composant ordinairement de deux tiers d'orge et d'avoine, et d'un tiers de froment, sarrasin, fèves ou pois. Quand ces petits fermiers peuvent se procurer du grain des distilleries, ils en font usage ; quelques-uns les mêlent avec le mélange d'aliments appelé — *bras* — et le donnent comme boisson.

Ceux qui gardent leur bétail en stalles lui donnent de l'orge, de l'avoine et des vesces fauchées en vert ; mais l'élément principal se compose de *trèfle* et *turneps*, auxquels quelques fermiers ajoutent des carottes et de la spergule.

Il faut beaucoup d'habileté pour engraisser le bétail avec profit, de sorte qu'il y a une grande diversité dans les résultats de cette opération. Si un fermier a une vache de quatre ou cinq ans, qui soit de grande taille et montre beaucoup d'appétit, il la destine ordinairement à l'engrais. Cette vache reçoit alors les meilleurs aliments bouillis ou mélangés, et il compte qu'elle peut être amenée de 203 à 355 kilogr. en huit mois, soit 0 kilogr. 125 grammes par jour, et ainsi au double de sa première valeur. Ce n'est pas toutefois le seul avantage que procure cette vache, parce que le fermier continue de la traire et que, par l'abondance d'aliments, elle rend de 18 litres, 17 à 22 litres 72 de lait chaque jour jusqu'à ce qu'elle soit presque grasse ; alors elle reçoit moins de nourriture et le lait diminue ; une telle vache donne aussi plus de fumier et plus d'urine, ce qui est de très-grande importance.

Un bon bœuf pesant, avant d'être mis à l'engrais, 279 kilogr., peut être amené à peser 508 kilogr. en sept ou huit mois, soit de 0 kil. 942 grammes à 1 kil. 080 par jour ; mais alors la ration ordinaire doit être mélangée avec de la farine de fèves ; et le bœuf doit avoir, en outre, du trèfle chaque jour.

On importe du Brabant beaucoup de bœufs qui sont principalement engraissés dans le voisinage des villes et dans les distilleries ; ces bœufs qui, pour la plupart, viennent de *Kempen*, sont plus grands que les bœufs flamands, mais alors ils doivent être engraissés plus longtemps, et comme ils ne sont pas accoutumés à rester à l'auge, ils gagnent parfois des faiblesses de jambes, et alors doivent être immédiatement vendus. Ces bœufs ont quelquefois travaillé une couple d'années, et en ce cas leur viande est considérée comme la meilleure.

Quand l'étable est garnie, la porte reste fermée ; les fenêtres ne sont jamais ouvertes, et la tranquillité et le silence sont maintenus autant que possible ; l'appétit du bœuf doit être observé et satisfait.

Les pâturages sur lesquels le bétail est nourri sont entourés de fossés ou de murs, pour garantir les animaux qui sont généralement amenés sur les pâtures vers le mois de mai, et y restent jusqu'en octobre ou novembre. C'est principalement du jeune bétail ou de vieilles vaches qui sont mises en pâture de cette façon ; les dernières engraissent plus vite que les jeunes bêtes, parce que dans celles-ci une partie des aliments sert à la croissance ; ordinairement, on compte deux têtes par hectare ; mais, en définitive, cela dépend beaucoup de la qualité du pâturage.

Les meilleurs pâturages se trouvent dans le nord de la Flandre occidentale, et principalement dans le district de Dixmuiden, où ils ont une valeur supérieure d'un tiers au prix des pâturages de la Flandre orientale. Les Flamands prétendent que le meilleur beurre d'Europe est fait dans ces pâturages.

Vers novembre, tout le bétail quitte les pâturages ; tous les bœufs qui ont environ quatre ans sont vendus pour la boucherie ; la plus grande partie est conduite en France ; les autres, aux distilleries ou chez les fermiers qui engraissent à l'étable.

Beaucoup de fermiers gardent leurs vaches toujours sur le même pâturage, parce qu'elles pâturent plus près que les bœufs, ce qui fait que l'herbe devient plus douce. Les vaches sont traites dans les pâtures, à moins qu'elles ne soient près des bâtiments, deux et parfois trois fois par jour.

Ceux qui en hiver donnent de bons mélanges ou — *bras* — aux vaches laitières, et en été leur fournissent une bonne pâture ou du trèfle, obtiennent de chaque vache en condition ordinaire de 9 litres 09 à 10 litres 22, aussi bien en hiver qu'en été.

Dans la meilleure saison de l'année, il est d'habitude de traire trois fois par jour, ce qui est fait dans un seau de bois ou de cuivre jaune ; dans les étables se trouve une espèce de burette en laiton d'environ 18 litres de capacité ; sur le vase est placé un tamis, dans lequel le lait qu'on apporte dans le seau est vidé ; quand la burette est pleine, elle est immédiatement portée à la cave, et là de nouveau le lait est versé à travers un tamis de crin dans les vases à lait, qui sont sur le plancher ou sur une plateforme disposée dans ce but.

En été, le lait peut être baratté après vingt-quatre heures ; mais, en hiver, il faut compter sur trois jours. En hiver, le lait est vidé dans les vases qui sont dans la cave, et si alors le lait ne devient pas aigre assez tôt, on place une burette avec de l'eau chaude dans le vase pour accélérer l'aigrissement.

Ceux qui vendent leur lait frais ou en consomment une grande quantité dans le ménage, l'écrèment quelques heures après qu'il a été placé dans la cave, et ils vident la crème dans un vase jusqu'à ce qu'il soit temps de la baratter.

Tous les vases sont nettoyés et lavés à l'eau chaude aussi souvent qu'ils sont vidés, et la cave est conservée aussi fraîche que possible tandis que l'on y observe une extrême propreté. On compte que 25 litres de bon lait frais produisent 1 kilogramme de beurre.

Le barattage dure généralement de une heure et demie à deux heures. Quand le beurre est retiré, on le pétrit dans un plat en bois avec une cuiller de même matière, après quoi il est laissé dans un bassin de terre et couvert d'eau. Au bout d'une heure il est salé, deux poignées de sel étant mises pour chaque 3 kil. 174 gr. à 3 kil. 627 gr. Le beurre est travaillé de nouveau avec la cuiller de bois pour en retirer tout ce qui peut rester de lait et de sel; le beurre est alors préparé pour le marché. Il faut dire aussi qu'aussitôt que le beurre est hors de la baratte, on le coupe en diverses directions avec le couteau-fil, ce qu'on appelle *peignage*.

Le temps propre à faire le beurre pour l'hiver est, dit-on, les mois de mai et septembre ; on le travaille alors une seconde fois par le pétrissage dans un vase de bois, après quoi on y ajoute un peu de sel, et on le met dans des barils ou des vases dans lesquels il est gardé sous du sel.

On fait si peu de fromages dans les Flandres, qu'il n'est pas nécessaire de mentionner ici leur fabrication.

Quant aux autres animaux de la ferme, le cheval flamand est grand, puissant et courageux, mais nullement élégant ; il a des jambes épaisses, le cou court et une large poitrine. On le garde ordinairement à l'écurie. En été, les chevaux vivent principalement de trèfle avec de la paille hachée et de l'avoine.

L'élevage et l'engraissement des porcs n'est pas de grande importance. Beaucoup de fermiers, toutefois, gardent une truie soit pour l'élevage, soit pour l'éducation des jeunes. Il n'y a nulle particularité à observer dans leur manière d'engraisser les porcs.

[Dans la Flandre française, les travaux sont faits à peu près exclusivement par des chevaux ; ce n'est que par exception que l'on y emploie les bœufs. On élève peu de chevaux, on préfère les acheter.

« Suivant les saisons, les chevaux travaillent en deux, trois et même quatre attelées. Dans le premier cas, c'est *huit* heures effectives de travail ; dans les grands jours, neuf heures, non compris les repas, et même parfois dix à onze heures de travail effectif.

» Les rations varient, non-seulement suivant les saisons et le travail, le nombre d'attelées, mais encore suivant les ressources de la localité. En général, les chevaux reçoivent de fortes rations, composées de foin et d'hivernage, d'avoine et de fèves, de carottes et de paille. Quelques fermiers coupent les fourrages.

» Les chevaux étant de forte taille (belges ou boulonnais), la ration réduite en foin équivaut à 20 ou 25 kilogr. de foin pendant les grands travaux, et 14 à 15 pendant les jours de repos.

» Les bœufs sont employés aux travaux dans les fermes à sucrerie, et leur nourriture se compose alors de pulpe et de paille ; en hiver, de trèfle et de feuilles de betteraves, du printemps à l'automne.

» Quand la ration ne se compose que de paille et de pulpe, il faut 50 litres de cette dernière. Les cultivateurs habiles donnent un peu de foin et de tourteaux d'œillette. En quatre attelées, dans les grands jours, ils peuvent faire dix heures de travail effectif.]

[*Vaches.* — On trouve dans la Flandre française plusieurs variétés de la race flamande, et quelques normandes et comtoises. Elles restent nuit et jour au pâturage depuis mai jusqu'en octobre dans les arrondissements où la culture n'est pas trop morcelée.]

On trait deux fois par jour et le lait est conservé à la cave.

[L'engraissement des vaches de réforme se fait avec des fèves détrempées vingt-quatre heures dans l'eau, de balles de blé et de la drèche ; plus tard, des fèves concassées et du foin à discrétion ; ou bien avec des pommes de terre, des betteraves ou des carottes additionnées de tourteaux et de foin. Tous les aliments, sauf le foin, sont soumis à des préparations propres à les rendre facilement assimilables, soit comme soupes, ou sous toute autre forme. — On engraisse beaucoup de vaches.

CHAPITRE VIII.

RÉCOLTES CULTIVÉES DANS LES FLANDRES

Froment. — Lorsque dans un pays la culture du froment s'accroît en même temps que celle du seigle diminue, on peut penser que l'agriculture est en progrès. Cette preuve de bonne culture est donnée par les cultivateurs flamands : des champs de froment pareils à ceux que l'on trouve dans les Flandres, même en sols légers, se voient rarement dans les autres pays.

Les cultivateurs flamands pensent que, pour cette récolte, il importe de labourer deux ou trois fois auparavant et de laisser ensuite la terre en repos pendant quelque temps avant que le dernier labour soit fait. Les

Flamands ne fument le froment qu'autant qu'ils reconnaissent que la précédente récolte a par trop épuisé la terre; généralement, ils préfèrent cultiver le froment comme seconde récolte après la fumure. En octobre la terre reçoit un labour d'ensemencement, et après avoir été hersée elle est ensemencée avec 112 litres par hectare, et enfin la semence est recouverte avec la herse renversée sens dessus dessous; puis on ouvre les dérayures entre les planches pour l'écoulement des eaux.

Comme précaution contre le charbon ou la carie — *les noirs* — on *chaule* le froment de semence: le grain est humecté avec de l'engrais liquide, puis jeté sur une aire avec autant de chaux qu'il en faut pour le sécher.

Le froment est coupé en août, et le produit ordinaire est de 18 hectolitres par hectare dans les terres n° 1, et de 21 hectolitres 56 litres à 25 hectolitres 15 litres sur les sols n°s 4 et 5.

On sème des froments rouges et des blancs. Ces derniers rendent beaucoup dans quelques districts du pays de Waas, situés le long de la rive gauche de la *Durme* et de la basse *Schelde*(ou bas Escaut), surtout dans la commune de Kalken, sur les sols n°s 3 et 4.

Dans le pays d'*Aalst* les cultivateurs regardent comme une nécessité de changer la semence pour arrêter sa tendance à donner du *blé rouge*. Le froment blanc est ordinairement plus léger que le rouge, mais en général il se vend un dixième en plus. Le froment rouge donne de meilleure et de plus forte paille, de sorte qu'il est moins sujet à la verse.

[L'époque des semailles varie suivant les lieux et la nature du sol.

Dans la Flandre française, en général, la terre permet ou plutôt commande des semailles un peu tardives. On sème le froment depuis la première quinzaine d'octobre jusqu'à Noël. Le milieu des semailles est le 3 novembre.

Pour que le blé repose sur un sol ferme, on le sème sur le sillon si le labour est récent (et alors ce labour est peu profond), et après un coup de herse sur vieux labour. Le blé peut être enterré à 8 centimètres dans les terres légères, et de 4 à 6 dans les terres fortes.

Le rendement du froment dépend de la plante qui le précédait, de la nature du sol et de la fumure. Une bonne moyenne, c'est 25 hectolitres par hectare.]

Épeautre. — On en sème peu en Flandre. On en trouve dans le pays d'Aalst, près de *Ninove* et *Geersbergen*, toujours sur les sols compactes, la culture est la même que celle du froment. On sème 224 litres par hectare, et le produit est de 27 à 32 hectolitres. L'épeautre grossièrement moulu est un bon aliment pour le bétail; on l'emploie principalement pour la fabrication de la bière blanche. On regarde l'épeautre comme une récolte épuisante.

Seigle. — On cultive le seigle sur les sols légers les moins fertiles ; on le sème vers la fin d'octobre ou le commencement de novembre. Il est mûr à la fin de juillet ou dans le commencement d'août. Alors il est coupé à la faucille, mis en javelles retournées le jour suivant, liées le troisième ou quatrième jour et mises en meules, de façon qu'il est amené à la grange aussitôt qu'il est sec. S'il tombe beaucoup de pluie avant que le seigle soit lié, il faut continuellement le retourner ; les javelles sont ensuite mises en tas de trois rangées, chaque rangée étant de cinq gerbes, la première placée dans le sens du sillon et les autres des deux côtés appuyées contre elle ; alors quatre ou cinq gerbes sont mises en travers sur les précédentes, de façon que les plus basses quinze gerbes sont parfaitement préservées. Les gerbes sont liées ensemble avec de la paille.

Méteil. — Dans les Flandres on sème parfois un mélange de froment et de seigle (moitié de chaque), ce qu'on appelle *mastelein* (méteil). Dans ce cas, on emploie un quart de semence de plus qu'à l'ordinaire. Si la récolte réussit assez bien, elle rend au moins 2 à 21/2 hectolitres de plus par hectare que si le seigle et le froment avaient été semés séparément.

Le méteil est principalement employé dans les distilleries pour faire de l'alcool, et l'on en fait aussi une espèce particulière de pain.

Orge. — On cultive aussi bien l'orge d'hiver que celle de printemps. L'orge d'hiver demande un sol riche et lourd ; c'est une des plus importantes récoltes des polders (sols d'alluvion) : elle est aussi beaucoup cultivée dans le centre des Flandres, et, grâce à l'application d'une suffisante quantité de fumier, on la sème même sur les sols légers n° 1, car les brasseurs préfèrent l'orge coupée sur des sols légers.

L'orge d'été est semée en mars ou avril et l'orge d'hiver, sur les sols lourds, en octobre, et sur les sols légers, en novembre ou décembre, aussi tard que possible, parce qu'en sols légers elles souffrent beaucoup des gelées. S'il arrive que les froids fassent périr l'orge d'hiver, la terre doit être labourée en mars et immédiatement ensemencée avec l'orge d'été, ordinairement après du trèfle ou des carottes.

L'orge réussit très-bien après les pommes de terre, mais mieux après le trèfle et les prairies rompues. Dans les sols lourds, la terre est labourée deux et même trois fois et mise en billons d'environ $1^m,83$ de largeur.

Dans les sols légers, des labours répétés sont de moindre importance qu'une fumure suffisante. De telles terres sont hersées en sens croisés trois ou quatre fois et débarrassées des mauvaises herbes autant que possible.

Beaucoup de cultivateurs sèment environ 224 litres par hectare immédiatement après une fumure d'engrais liquide ; les grains sont alors couverts avec la herse renversée, après quoi le fumier d'étable est porté sur la terre, et enfoui par un labour superficiel. Les dérayures sont curées et approfondies à la bêche, et la terre extraite répandue sur chaque côté ; enfin les sols légers reçoivent un *roulage*.

Les mauvaises herbes sont enlevées généralement deux fois des sols légers pendant la croissance de la récolte. Les Flamands ne considèrent pas la verse de l'orge comme lui étant préjudiciable ; aussi n'épargnent-ils pas le fumier pour cette céréale. Au commencement de juillet et même vers la fin de juin, l'orge est mûre, et on la coupe à la faucille ; trois jours après elle est liée en gerbes et mise en tas de 16 à 24 gerbes, pour être immédiatement enlevée.

L'*avoine* est cultivée sur tous les sols. En Flandre on prend souvent plusieurs récoltes successives d'avoine, sans fumier, sur les prairies rompues. Ordinairement la terre est disposée en billons, qui sont faits d'autant plus larges que la sécheresse du sol est plus grande. On sème l'avoine en mars ou avril de la même manière que l'orge ; seulement on met un tiers de fumier de moins ; mais si l'avoine doit être suivie de *lin,* on met davantage de fumier.

[Dans la Flandre française, l'avoine rend environ 70 hectolitres par hectare.]

Pois. — On sème les pois ordinairement en avril en terre non fumée, et généralement après des turneps (raves et navets). On sème seulement 180 litres par hectare et on enfouit à la charrue ; on sarcle les pois lorsqu'ils ont 100 à 127 millimètres de hauteur. Le produit peut être en moyenne de 21 hectolitres et demi par hectare. Les pois, de même que le lin, ne doivent pas revenir sur la même pièce plus souvent qu'une fois tous les six ans.

[Dans la Flandre française, les pois sont semés à la main dans les raies d'un labour superficiel (le troisième) et recouverts par la bande de la raie suivante. Ils donnent de 22 à 27 hectolitres. Bien que plusieurs cultivateurs considèrent les pois comme n'épuisant pas le sol, ils reconnaissent cependant que cette légumineuse ne doit pas revenir souvent sur la même terre.]

Les *fèves* sont semées dès le commencement de mars. La terre, pour cette récolte, doit avoir été labourée avant l'hiver et durant l'hiver ; elle doit avoir été disposée en grosses raies et hauts sillons bien nettoyés et ameublis par la herse. Au printemps les sillons sont refendus et de nouveau hersés et débarrassés des mauvaises herbes.

Les Flamands sèment environ 180 litres par hectare. Quelques-uns couvrent la semence avec la herse et répandent sur les fèves environ 25 charretées de fumier. D'autres, en sols tenaces, emploient moins de fumier, mais, par compensation, ils mettent quelque peu de chaux et enfouissent le tout à 10 centimètres de profondeur. Il vaut mieux semer d'abord la graine, puis *fumer* et enfouir le tout à la charrue. Beaucoup de cultivateurs préfèrent la plantation au plantoir ou à la herse à main, trois fèves étant mises dans chaque trou.

Le surcroît de dépense, d'environ 12 fr. 46 c. par hectare, est bien compensé par l'augmentation du produit et la diminution des frais de culture.

En temps sec, d'autre part, les fèves sont semées dans la raie de la charrue par des hommes suivant les sillons et attirant le fumier dans les raies et plaçant la semence par dessus. De cette façon les fèves reposent plus profondément dans le sol.

Beaucoup de cultivateurs, dans les terres tenaces, travaillent avec deux charrues, l'une derrière et prenant en dessous de la première, pour que le sol soit suffisamment remué.

En mai, les fèves doivent être nettoyées : aussitôt qu'elles atteignent 10 centimètres de hauteur, on fait passer la herse pour détruire les mauvaises herbes et ameubler la terre, et quand les fèves ont 30 centimètres elles sont sarclées à la main.

Quand les fèves ont atteint toute leur croissance elles sont coupées à la faucille ou arrachées. Cette dernière manière de récolter est considérée comme la meilleure. La récolte est mise, pour sécher, en petites javelles qui sont retournées une ou deux fois, puis liées ensemble et relevées. Lorsqu'elles sont sèches, elles sont mises en meules ou amenées à la grange pour être battues en hiver.

Le produit peut être d'environ 30 hectolitres 16 litres par hectare. La paille est considérée par beaucoup de cultivateurs comme étant de peu de valeur, et par suite ils l'emploient comme combustible pour faire bouillir leurs mélanges d'aliments appelés — *bras* — des bêtes bovines; d'autres donnent la paille de fèves en hiver à leurs moutons, et, dans les districts à pâturages fertiles, on la donne au gros bétail.

[Dans la Flandre française, les fèves donnent plus ou moins suivant les sols, et en moyenne, 27 hectolitres par hectare. On ne considère pas cette récolte comme épuisante. Cependant on reconnaît qu'il ne faut pas qu'elle revienne plus souvent que tous les quatre ans en terre forte, et tous les six ans en terre légère.]

Sarrasin. — Le sarrasin est très-sensible au froid ; les plus légères gelées de nuit l'affectent. Par suite, on le sème vers la fin de mai. On le sème sans fumier, après un complet et profond labour, et après le seigle ou les turneps, généralement sur des sols légers et pauvres. Dans les sols sableux, principalement entre Bruges et Gand, on sème beaucoup de sarrasin ; le produit est estimé à 23 hectolitres 37 litres par hectare; mais en beaucoup d'autres districts, il est souvent beaucoup moins productif.

Pour une récolte de sarrasin, la terre doit être labourée avant l'hiver en sillons élevés, qui restent ainsi jusqu'en avril, où la terre est labourée aussi profondément que possible. A l'époque de l'ensemencement, on laboure de nouveau en nivelant le sol ; puis, on sème 56 litres par hectare, et on recouvre la semence avec la herse suivie parfois du rouleau. Vers la fin d'août ou le commencement de septembre, on coupe le sarrasin avec la faucille, et on le met à sécher en tas. Quand il est suffisamment sec. il est battu aussi rapidement que possible par un grand nombre d'ouvriers et porté sec au grenier.

Trèfle rouge. — Aucune récolte ne présente plus d'importance pour les cultivateurs flamands que le trèfle, parce que beaucoup d'eux n'ont pas de prairies naturelles; le trèfle leur fournit une quantité suffisante d'aliments pour le bétail sur une petite étendue, et produit beaucoup de fumier. Ils sèment, dans les sols tenaces, 9 à 10 kilogr. par hectare, et si le sol est léger, 11 à 12 kilogr. Quand la graine est vieille, ils sèment un tiers en plus.

Si les cultivateurs ont quelque crainte que la récolte de trèfle soit insuffisante, ils ameublissent le sol de leurs champs de seigle en février et mars, au moyen d'un râteau, et y sèment de la graine de trèfle, qui ordinairement vient suffisamment bien. En cas de sécheresse, la terre est roulée.

De ces trèfles venus dans le seigle, on ne garde pour l'année suivante que ceux qui sont en très-bons champs ; les autres sont labourés après avoir été fauchés une fois, et ordinairement ensemencés de nouveau en seigle.

Beaucoup d'espèces d'engrais sont utiles au trèfle, mais rien n'est employé aussi souvent pour cette plante que les *cendres hollandaises, de tourbe*. On en répand environ 27 hectolitres par hectare à la fin de février ou au commencement de mars, en temps humide. Comme engrais pour le trèfle, les Flamands font aussi usage avec avantage de *chiffons* qui, pour les terres tenaces, sont mélangés avec de la chaux.

Le trèfle est généralement donné au bétail à l'état vert ; mais lorsqu'il y en a plus qu'on ne peut en consommer de cette manière, on le coupe à la faucille pour en faire du foin. Le trèfle coupé est mis en bottes de 3 kil. 17 à 3 kil. 62, qui sont relevées l'une contre l'autre, comme on le fait pour le blé : si le trèfle est fauché, il perd trop de feuilles et de gousses, par les retournements répétés, de sorte qu'une grande partie de la récolte est détruite.

Quelques fermiers, n'ayant besoin que d'une petite quantité de graines, en font cueillir par des femmes et des enfants, quand elles sont mûres, en septembre ; par ce procédé ils obtiennent de la graine pure et entièrement exempte de graines d'*orobanche*, une des plus terribles mauvaises herbes pour le trèfle. Mais ceux qui s'effraient du dérangement et de la dépense qu'entraîne ce procédé détachent pendant le beau temps les gousses et les mettent au grenier, où pendant l'hiver, en temps froid, ils séparent la graine.

Quoique la coupe des semences de trèfle donne un produit important, néanmoins il y a des districts où les cultivateurs préfèrent acheter la graine qui vient du pays de Waas, dans le voisinage de Lokeren. Il paraît que là les terres sont particulièrement adaptées à cette récolte, qui est en même temps abondante et de bonne qualité.

[Le trèfle, dans l'opinion des cultivateurs de la Flandre française, ne doit pas revenir souvent sur la même sole; tous les quatre ou six ans près de Dunkerque (bonnes terres fortes) et de Douai ; à Hazebrouck et à Lille, on ne le fait revenir que tous les sept ou huit ans. On obtient en première coupe de 3,800 à 6,000 kilogr. par hectare, et en seconde, de 2,500 à 4,000 kilogr., suivant les terres.]

La *spergule* n'est pas beaucoup cultivée en Flandre, excepté dans les sols sableux et très-légers où le trèfle ne réussit pas aussi bien. Quand le trèfle manque, les Flamands ont recours à la spergule pour obtenir le fourrage nécessaire à l'entretien de leur bétail. On croit la spergule favorable à la production du lait et du beurre. Il y a deux sortes de spergules : la grande, ou spergule de France, et celle de Brabant, qui est plus petite ; la première est généralement préférée ; elle est semée vers la fin de mars sans fumier et après un labour. Les Flamands sèment de 11,20 kilog. à 13,44 kilog. par hectare.

En répandant quelque peu d'engrais liquide sur le sol après l'ensemencement de la *spergule*, on avance considérablement la croissance de cette plante. En dix semaines la spergule est mûre, et alors on sème des turneps, ou l'on plante des pommes de terre.

La spergule est aussi semée sur les chaumes de froment ou de seigle, et dans ce cas elle est mûre en septembre ou octobre, époque à laquelle elle est fauchée ou arrachée ; ensuite on sème du seigle, ou la terre est labourée dans le but de la préparer pour une récolte de printemps.

Beaucoup de cultivateurs ne sèment pas de spergule, parce que cette plante revient ensuite continuellement comme mauvaise herbe.

Les *pommes de terre* sont actuellement considérées dans les Flandres comme étant de la plus haute importance agricole. L'époque de la plantation varie : elle commence le 1er mars et ne finit qu'en juin.

Parmi les variétés cultivées en Flandre, la pomme de terre blanche dite *de la Saint-Jean* est la plus hâtive ; elle est mûre en juin, et quoiqu'elle ne soit pas au nombre des meilleures variétés, elle donne du profit près des villes. Vers la mi-mars une seconde variété est plantée : la *rouge hâtive*, qui peut être arrachée en juillet. Une troisième variété, dite *semences* (zaailingen), est plantée en mai et mûrit en septembre. Il y a encore plusieurs autres variétés qui n'ont pas besoin d'être nommées.

Le plus tôt que l'on peut faire le premier labour pour les pommes de terre est le mieux ; au second labour, la terre doit être mise en sillons, et ceux qui défoncent la terre font les dérayures avec la houe à main. Quand la terre est restée ainsi pendant quelques jours, les Flamands mettent dans les sillons 35 charretées de fumier par hectare, et puis les pommes de terre par dessus à une distance d'environ 61 centimètres l'une de l'autre ; après quoi les dérayures des petits sillons sont couvertes avec la terre au moyen de la houe à main. Aussitôt que la pomme de terre a 10 centimètres de hauteur, les mauvaises herbes sont soigneusement arrachées, et quand les plantes ont 20 centimètres de haut, elles sont arrosées avec de l'engrais liquide et ensuite buttées, ce qui en même temps détruit les mauvaises herbes.

D'autres mettent le fumier sur la terre après le premier labour et l'enfouissent par un second ; tandis qu'en chaque sillon-dérayure les semences nécessaires sont placées par des femmes qui suivent la charrue, la dérayure de chaque petit billon ou sillon est ainsi couverte avec la terre qui provient du suivant. Quelques cultivateurs font aussi le buttage avec une charrue spéciale pour ce travail, ou un butteur.

Dans les sols lourds, humides et froids, quelques cultivateurs répandent *une charretée et quart* de chaux par hectare après la plantation des pommes de terre, et enfouissent cet amendement avec la herse retournée. Ceux qui mettent de la chaux sur les pommes de terre ne font ordinairement pas usage d'engrais liquide; d'autres emploient des cendres dans les terres lourdes, en mettant les pommes de terre sur les cendres même, et dans les sols légers ils emploient des tourteaux de colza.

Après l'enfouissement du *court-fumier* (courte-graisse) un homme fait des trous avec un plantoir dans la direction des raies de la charrue, tandis que des femmes et des enfants jettent les pommes de terre dans ces trous et les recouvrent avec le pied.

Un ouvrier avec trois aides peut planter 121 ares de cette manière. Quelques cultivateurs coupent les pommes de terre de semence ; mais les habiles ont reconnu par expérience qu'il vaut mieux prendre pour planter des pommes de terre entières de moyenne grosseur.

En moyenne, on admet qu'il faut de 630 à 720 litres de pommes de terre pour ensemencer un hectare, qui produit envion 225 hectolitres.

L'arrachage des pommes de terre est ordinairement fait *à la fourche à fumier;* quand la touffe est extraite, une femme la secoue, tandis que d'autres ramassent les tubercules, les mettent dans un panier et les portent au chariot.

Les pommes de terre sont conservées en caves à ce destinées ou dans des silos. Ces derniers ont ordinairement 1 m. 83 à 2 m. 13 de diamètre et 46 centimètres de profondeur, et sont creusés dans les parties les plus hautes et les plus sèches de la pièce. On pose quelques planches ou de la paille autour des pommes de terre, et on recouvre le tout avec de la terre. S'il gèle, on protége en outre ces tas avec des feuilles et du fumier.

Si le tas de pommes de terre est fait de grandes dimensions, on place en son milieu quelques petites perches avec de la paille ou des roseaux pour empêcher la fermentation des tubercules.

On creuse aussi autour du silo une rigole de 20 à 25 centimètres plus profonde que le fond du trou, pour que l'humidité ne puisse atteindre les pommes de terre.

[La culture des pommes de terre est très-variée dans la Flandre française. La nature des terres, le mode de fumure, les préparations du sol concourent à établir des différences très-grandes : ainsi, on sème de 10 à 30 hectolitres par hectare, en mettant les tubercules toutes les troisièmes ou secondes raies (soit de 60 à 75 centimètres), et espacés de 30 à 50 centimètres sur les lignes. On obtient, suivant les lieux, de 200 à 400 hectolitres par hectare. Les cultivateurs s'accordent pour considérer la pomme de terre comme une plante très-épuisante, ne devant revenir que tous les cinq ou six ans.]

Les turneps (raves et navets), dans les districts où la nourriture à l'étable est pratiquée, ou lorsqu'il n'y a que peu de pâturages, doivent être considérés comme indispensables. C'est principalement là où le trèfle est beaucoup cultivé que les Flamands font usage des turneps. Où le trèfle manque, ils cultivent les turneps en été, mais non comme règle générale. Les Flamands sont de l'opinion qu'ils feraient mal d'imiter les Anglais en cette matière ; mais ils font des turneps comme récolte dérobée et alors en sont très-soigneux : aussitôt que l'orge ou le seigle sont enlevés du champ, ils labourent immédiatement le sol et sèment environ 1,400 grammes de graines de raves ou navets par hectare, ce qui est fait par un temps humide. Si, quand la semence a levé, on a de l'engrais liquide, on en répand sur les navets, ce qui avance beaucoup leur développement.

Dans les sols légers, les turneps sont sarclés et éclaircis à la main ou avec une petite houe. Dans les grandes exploitations, la grosse herse est traînée en travers sur les turneps, dans les terres fortes, ce qui produit un éclaircissage partiel. Les plantes ainsi arrachées sont recueillies et données au bétail ; ensuite les turneps sont encore éclaircis à la main.

C'est à la fin de novembre et en décembre que le cultivateur nourrit son bétail avec des turneps. Ceux qui ont une bonne provision de cette récolte prennent des précautions contre la gelée, en conservant ces racines en caves ou en silos. D'autres, désirant conserver une partie des turneps jusqu'après l'hiver, les arrachent, coupent les feuilles à environ 5 centimètres du bulbe, font avec la charrue une raie de 30 centimètres de profondeur dans laquelle ils placent les turneps à quelque distance l'un de l'autre, les feuilles en l'air ; la raie est remplie avec la terre d'une raie ouverte à côté et recevant de même des racines. D'autres croient plus convenable de faucher les feuilles des turneps et de laisser les racines en terre. En temps favorable, ces turneps végètent de nouveau en mars et produisent alors un aliment utile au bétail.

[Dans la Flandre française, on sème pour culture dérobée vers la mi-août environ 3 litres de navets par hectare, que l'on récolte en octobre.]

Betteraves. — La betterave a été avantageusement cultivée dans les

Flandres lorsqu'elles étaient sous le gouvernement français. Bien que cette racine soit un bon aliment pour le bétail, il y a peu de cultivateurs flamands qui la cultivent. Dans ces derniers temps (1852), on a souvent essayé d'établir des fabriques de sucre de betterave, et dans ce but on a cultivé cette plante : mais les résultats n'ont pas répondu aux espérances. De sorte que c'est à peine si l'on peut dire que la betterave appartienne à la culture flamande.

[Dans la Flandre française, les betteraves sont semées en place et en lignes, soit au semoir, soit à la houe à main, cette dernière méthode n'étant applicable qu'à de petites étendues. Les grandes cultures de betteraves sont destinées aux sucreries. L'époque du semis est très-importante. Trop tôt, il y a chance de voir les plantes monter en graines; trop tard, elles ne peuvent mûrir et atteindre un bon développement. Le 1er mai est l'époque favorable. La quantité de semences varie suivant la perfection du semoir. A la main, on met 5 kilogr. par hectare ; au semoir, de 8 à 10 kilogr. On donne un très-grand nombre de binages, et l'on récolte du 1er au 20 octobre. Le rendement varie beaucoup : 40 à 70,000 kilogr. par hectare. Cette racine n'épuise pas beaucoup le sol.]

Carottes. — Dans les Flandres, on cultive principalement une variété de carotte rouge. Elle est extrêmement estimée comme aliment pour le bétail, spécialement quand elle provient de sols légers, tels que nos 1 et 2, et même 4. Les carottes sont généralement semées dans d'autres récoltes, principalement dans le blé, le lin et le colza ; parfois dans les pois ou la spergule.

Quand le sol est léger, les carottes sont semées seules, ce qui est fait au commencement d'avril après une culture suffisante du sol, sur les pièces ayant porté l'année précédente du sarrasin, de l'avoine, des pommes de terre ou des turneps. La terre est labourée ou défoncée à la bêche très-profondément en hiver, et ensuite préparée avec vingt ou vingt-cinq charretées de boues de villes, ou de fumier de vache mêlé avec du fumier de porc, qui sont enfouis à 30 centimètres de profondeur. Vers avril cette terre est labourée, pour la troisième fois, à 30 centimètres de profondeur, après quoi on arrose avec de l'engrais liquide ; puis enfin on sème 2 kilog. 800 gr. de graines de carottes par hectare.

La semence est recouverte avec la herse retournée, et par-dessus la terre est travaillée avec le *traîneau* et enfin avec le rouleau, après quoi les dérayures sont nettoyées et la terre répandue sur le champ.

En mai, les carottes sont sarclées et éclaircies, opérations que l'on répète vers la mi-juin. Les carottes arrachées à cette dernière époque sont données au bétail. Si quelques places dans le champ ne sont pas suffisamment couvertes de plants de carottes, on peut semer dans les vides un peu de navets pour que la terre ne reste pas inoccupée. Les turneps et carottes croissent très-bien ensemble. Si les carottes sont très-espacées, on sème aussi de la spergule au travers.

Si les pois et les carottes doivent être cultivés ensemble, la terre est labourée très-profondément et arrosée avec l'engrais liquide, et ensuite 135 litres de pois sont semés par hectare et recouverts par un labour superficiel. Huit jours plus tard les Flamands sèment 2 kilog. 250 grammes de graine de carottes (aussi par hectare), qui est recouverte avec la herse retournée ou le traîneau. Ensuite, les dérayures sont nettoyées.

Tous les pois sont arrachés dans le milieu de juillet, et si les carottes sont encore très-petites, elles sont sarclées et éclaircies et produisent une bonne récolte en octobre ; après l'arrachage, la terre peut encore être préparée pour une récolte d'hiver.

[Dans la Flandre française, on cultive les carottes soit comme récolte principale, soit comme récolte dérobée. On obtient dans le premier cas de 40 à 50,000 kilogr. par hectare.]

Panais. — Tout ce que nous avons dit de la culture des carottes est applicable à celle des *panais*, avec la différence, toutefois, que les carottes sont récoltées avant l'hiver, tandis que les panais restent dans le sol jusqu'au printemps parce qu'ils ne souffrent jamais de la gelée.

Enfin, en ce qui regarde l'emploi comparé de ces deux racines, les carottes doivent être destinées à l'alimentation des vaches laitières et des chevaux, mais les panais sont conservés pour l'engraissement du bétail.

Colza. — Le colza n'est cultivé que dans les plus fertiles parties du centre des Flandres et dans les polders. Ordinairement on le plante soit après les pommes de terre ou le lin, soit après le froment ou l'avoine, de la manière suivante :

Aussitôt que le froment ou l'avoine sont coupés, les chaumes sont labourés à 10 centimètres de profondeur, ensuite la terre est hersée et les chaumes et mauvaises herbes sont recueillis et enlevés ou brûlés sur la terre s'ils sont secs.

Vingt-cinq à trente charretées de fumier sont répandues sur chaque hectare de terre, et enfouies par un labour de 35 à 41 centimètres de profondeur, et en même temps la terre est mise en billons de huit raies chacun, et ensuite laissée ainsi pendant quelques jours.

La terre est ensuite travaillée deux fois avec la herse lourde, puis labourée de nouveau à la profondeur de 30 centimètres.

Cette terre en billons est nivelée avec la herse retournée et, si le sol est léger et sec, on le roule.

Finalement, les *plants de colza* sont repiqués vers la fin de septembre, au moyen d'un instrument spécial. Avec cet instrument on fait des séries de doubles trous distants l'un de l'autre de 30 centimètres, ou autrement, on emploie une très-large bêche ; l'intervalle entre les rangs est de 46 centimètres.

Vers le milieu de novembre, les Flamands bêchent entre les lignes de colza et dressent les mottes de manière à protéger les plants autant que possible contre la gelée.

D'autres cultivateurs, qui veulent autant que possible épargner le travail manuel, plantent à la charrue. Ils font tout le travail décrit précédemment jusqu'à ce que le fumier soit répandu sur le sol. Alors ils font à la charrue une raie d'environ 20 centimètres de profondeur. Un homme qui suit la charrue met le fumier dans la raie avec une fourche, et est suivi de cinq femmes qui portent *des plants* sur les bras et qu'elles posent sur le côté droit de la bande de terre renversée à la distance de 30 centimètres l'un de l'autre. Quand le laboureur revient avec la charrue, il recouvre les racines avec la nouvelle bande de terre.

Dans beaucoup des sols d'alluvion, enclos ou *polders*, où l'on désire encore plus épargner le travail manuel, nombre de cultivateurs ne transplantent pas le colza, et n'ont, par conséquent, pas de pépinières : ils sèment le colza sur place, et ont soin d'éclaircir les plants lorsqu'ils viennent trop serrés.

En juillet, le colza est coupé à la faucille, retourné le jour suivant pendant que les plants sont couverts de rosée pour empêcher la perte des graines. Après quatre ou cinq jours, le colza peut être sec si le temps est favorable, et alors il est immédiatement battu sur une toile dans le champ, après quoi la graine est transportée dans un grenier sec. Dans quelques parties des Flandres, on a l'habitude de mettre le colza en meules et de le laisser ainsi pendant quatre semaines; puis de le battre. On fait cela pour mûrir entièrement toutes les graines.

[Dans la Flandre française, le colza est repiqué en octobre sur un labour récent, à l'aide d'un plantoir à deux branches, avec lequel un homme fait des trous espacés de 13 à 15 centimètres, dans lesquels des gamins ou des femmes posent le plant. On obtient de 24 à 35 hectolitres par hectare. Le colza est peu épuisant.]

Caméline. — Cette récolte est principalement cultivée près des frontières de France, dans le pays d'*Aalst*; on sème cette plante, lorsque le colza a été détruit par le froid de l'hiver, au commencement de mai, à raison de 1 kil. 125 gr. par hectare. Elle est mûre en septembre et est alors battue dans le champ. La caméline ne produit pas autant que le colza et elle est de moindre valeur; mais elle épuise moins la terre et peut être semée sur les sols trop légers pour le colza.

[Dans la Flandre française, on sème à la fin de mai : on en obtient au plus 25 hectolitres par hectare. On considère cette plante comme épuisante, contrairement à ce qui vient d'être dit.]

Pavots. — Il y a deux sortes de pavots cultivés, différant par la couleur de leurs fleurs, — blanches ou pourpres. Le pavot blanc donne, dit-on, la meilleure huile, et le rouge le plus grand *produit*. Ce n'est que de temps en temps que le pavot est cultivé dans le centre des Flandres, et cette récolte ne doit pas être rangée parmi les récoltes habituelles.

Les sols n°s 1 et 4 sont les meilleurs pour le pavot. En automne, ils sont labourés en billons ; et au commencement de mars, aussitôt que le temps est favorable, 17 1/2 à 20 charretées de fumier sont enfouies par hectare. La terre étant mise en billons, est ensuite hersée, et ensemencée avec 1 kilog. 125 gr. de graines, que l'on recouvre avec la herse retournée. Ensuite les dérayures sont nettoyées, et la terre enlevée est répandue sur les billons. Les plantes doivent être sarclées en mai, et éclaircies à environ 30 centimètres d'écartement.

Quelques cultivateurs sèment le pavot entre les carottes, afin d'avoir de l'huile pour leur propre usage. Lorsque les pavots sont suffisamment élevés on les éclaircit à 91 centimètres d'écartement, pour qu'ils ne nuisent pas aux carottes.

La graine des pavots est mûre vers la fin d'août ; mais les têtes ne mûrissent pas toutes ensemble. Une couple d'ouvriers, par suite, vont au travers du champ et secouent les têtes mûres dans un vase. Ils répètent cette opération tous les quatre ou cinq jours, et finalement les plantes sont arrachées, liées ensemble, et dressées pour sécher. Le rendement peut être d'environ 16 hectolitres par hectare.

[Comme la caméline, le pavot est semé en remplacement d'un colza détruit par l'hiver ; l'œillette donne, dans la Flandre française, de 20 à 35 hectolitres par hectare.]

La *garance* n'est guère cultivée que dans les *polders*, mais dernièrement elle a été plantée sur une assez grande échelle autour de Gand, principalement près *Drongea*. Elle reste deux ou trois ans dans le sol avant que les racines ne soient arrachées. Sa culture est analogue à celle suivie en France.

Le *houblon* est rarement cultivé par les gros fermiers; mais les petits cultivateurs, principalement dans la Flandre orientale autour d'*Aalst*, et dans la Flandre occidentale près d'*Yperen* et *Poperinge,* donnent une grande attention à cette récolte.

Le sol n° 4 est le plus convenable pour le houblon, quoiqu'on le plante aussi dans les sols n°s 1 et 5.

Les cultivateurs font choix de situations protégées contre les vents du nord et de l'ouest qui, au printemps, sont très-préjudiciables aux tendres pousses du houblon.

La culture de cette plante est à très-peu près la même qu'en Angleterre ou en France.

Les houblonnières sont faites petites afin d'assurer la circulation du vent tout au travers. La terre reçoit un très-profond labour avant que les plantes ne soient placées ; et, en mars et en avril, les boutures ou coulants sont coupés aux vieilles plantes en dessous de terre, quelques racines restant attachées à chaque bouture enlevée.

L'emplacement futur des perches est alors choisi et fixé à 1m,70 ou 1m,80 d'écartement.

Chaque plant comprend quatre boutures, placées à 20 centimètres d'écartement et à 10 centimètres de profondeur.—Quelques jours après, une rigole profonde et circulaire entourant chaque *plant* est faite à la houe et remplie de *court-fumier*, puis couverte de terre. Aussitôt que les plants donnent quelques pousses, une perche de 3 mètres de longueur est plantée entre les quatres boutures.

Pour la ligne de plants bordant la houblonnière du côté du vent sud ou ouest, on met deux perches par chaque plant. En attendant que les jets s'enroulent autour de la perche, une branche de chacun d'eux y est liée. Toutes les autres branches et jets sont en dernier lieu enlevés.

La seconde année, les cultivateurs prennent des perches plus fortes de 4m,90 à 5m,50, et la troisième année des perches encore plus grandes; mais toujours plus courtes cependant que la hauteur à laquelle les houblons peuvent croître, parce qu'alors les branches des *plants* adjacents dépassent leurs perches et viennent s'entre-joindre au-dessus et produisent là les meilleurs cônes.

En premier, les houblons produisent peu. Ceci toutefois peut être compensé en cultivant quelques récoltes entre les *plants*, tels que fèves, choux ou turneps.

La terre est tenue constamment propre par les binages, et les mauvaises herbes enlevées sont ordinairement mises autour des perches. Le meilleur engrais pour le houblon, c'est l'engrais liquide des bestiaux, ou des tourteaux trempés et mêlés avec de l'eau. Jusqu'en août, ou plutôt jusqu'à la floraison des houblons, la terre est soigneusement tenue propre, et ensuite on la laisse telle quelle jusqu'à ce que les fleurs soient entièrement développées, après quoi la terre est binée de nouveau.

Aussitôt, en septembre, que les fleurs montrent la poussière jaune entre leurs petits pétales, les perches sont arrachées, et les branches coupées à au moins 92 centimètres de hauteur. Les têtes ou cônes sont alors cueillis, et, si c'est possible, séchés la nuit même ou la matinée suivante, sur un feu *couvant* de bois ou de charbons rouges. La récolte du houblon doit être faite par un temps clair, pour que les cônes conservent autant que possible leur vertu et leur couleur.

En octobre et novembre, les mauvaises herbes de la houblonnière sont recueillies et mises sur les plants pour servir d'engrais, et ensuite les vieilles branches sont coupées à 50 ou 75 millimètres de hauteur ; la terre est enlevée des espaces intermédiaires et mise en tas au-dessus de chaque *plant* jusqu'à 30 à 60 centimètres de hauteur que l'on laisse ainsi jusqu'après l'hiver. En mars, on met de nouveau une bonne quantité de *court-fumier* dans les intervalles des plants, et il est couvert avec la moitié de la terre employée à faire les tas précédemment; et pendant les premiers beaux temps, en avril, on découvre les *plants*.

Toutes les pousses qui ont crû dans le tas sont coupées au ras du sol, et leurs sommets sont recueillis pour être vendus comme aliment. Ensuite cette partie de la plante qui a crû la précédente année, est détachée et peut être employée pour une nouvelle plantation. Une houblonnière dure de huit à dix ans.

Sur chaque hectare, on a 13,840 pousses, soit 3,460 perches ou *plants*, qui, en moyenne, produisent de 360 à 400 grammes de cônes secs, de sorte qu'un hectare peut produire de 1,255 à 1,380 kilog. — Le prix du houblon varie beaucoup, quoique en général cette récolte puisse être considérée comme rémunératrice. Cependant elle est hasardeuse, car le houblon est exposé à de nombreuses maladies.

Lin. — Aucune récolte ne demande plus de travail que celle-ci. Le cultivateur qui donne une suffisante attention à tous les détails et sait comment labourer et fumer convenablement sa terre, obtient de bon lin dans tous les sols, pourvu qu'ils ne soient ni trop humides ni trop secs.

Le meilleur lin est celui qu'on obtient sur les sols nº 1 et 4. Les sols légers n'exigent qu'une culture modérément profonde; mais dans les terres lourdes et humides, il faut donner des labours croisés, relever le sol en billons, ou le défoncer profondément à la bêche.

La semence de lin ne doit pas être placée profondément, ni dans une terre humide ni à une exposition froide : elle demande une terre bien ameublie et fumée avec du fumier bien décomposé.

Dans les sols légers, le lin est cultivé principalement après le seigle ou les racines; et, bien qu'en terres fortes le lin puisse suivre aussi le seigle ou les racines, on le fait ordinairement après l'avoine.

Le lin peut aussi être cultivé après les pommes de terre ou les fèves; mais généralement les Flamands pensent qu'il convient mieux de semer du froment sans fumure, après ces récoltes.

Ceux qui font du lin dans les sols pauvres, les cultivent très-profondément, après la coupe du seigle, et *fument* à raison de 15 à 17 charretées de fumier de vache par hectare, après quoi ils sèment des turneps. Vers l'automne, les navets ou raves sont enlevés du champ, et la terre est de nouveau fumée avec une égale quantité de fumier d'écurie; ensuite la terre est labourée en billons élevés, et laissée ainsi jusqu'au mois de mars.

A cette époque, la terre est de nouveau labourée et hersée, puis débarrassée autant que possible des mauvaises herbes. Vers le 20 avril, la terre est labourée et hersée une troisième fois, jusqu'à ce qu'elle soit parfaitement pulvérisée.

On répand alors par hectare 16 hectolitres de cendres de Hollande, et quatre ou cinq jours après, on arrose le sol avec 56 à 67 hectolitres d'engrais liquide ; dix jours après, la graine de lin est semée. On la recouvre au moyen de la herse retournée, que l'on fait passer deux ou trois fois ; puis on nivelle la terre avec le traîneau.

D'autres mettent sur les sols pauvres beaucoup plus de fumier avant l'ensemencement des navets et moins de cendres et d'engrais liquide après cette récolte ; ils disent que les navets prennent moins de fumier, et que ce qui en reste est plus décomposé et convient mieux au lin.

Quand on sème le lin après l'avoine, on emploie un tiers de plus de fumier pour cette céréale. Après la récolte de l'avoine, on donne encore une demi-fumure au sol, et on enfouit l'engrais avec le chaume. Les Flamands laissent ainsi le sol jusqu'à l'époque de l'ensemencement, et alors y répandent 56 à 67 hectolitres d'engrais liquide par hectare.

Dans les bons sols légers, tels que le n° 1, ceux qui ne fument pas leurs turneps après le seigle répandent sur leur terre, surtout si elle est quelque peu humide, 45 à 54 hectolitres de cendres de tourbe de Hollande, qui sont enfouies à la herse ; cinq ou sept jours après, soit trois jours avant l'ensemencement, on répand de nouveau environ 112 hectolitres d'engrais liquide par hectare sur la terre, qui ensuite est de nouveau hersée.

Pour les sols n° 2, le long du canal de Gand (Ghent) à Bruges, quelques cultivateurs emploient les boues des rues de la ville de Bruges. Mais d'autres praticiens désapprouvent cet usage, parce que beaucoup de graines, de mauvaises herbes se trouvent dans les débris ramassés dans les rues ; néanmoins, les cultivateurs intelligents ne laissent pas cet engrais des villes sans emploi ; après avoir labouré leurs terres aussitôt que possible, ils y portent de 25 à 30 charretées de cet engrais et l'enfouissent très-superficiellement, après quoi la terre est laissée ainsi jusqu'à la fin d'avril ; les mauvaises herbes qui ont levé à cette époque sont enfouies, et on répand sur le sol 66 hectolitres d'engrais liquide par hectare ; puis on donne des hersages croisés, de sorte que les mauvaises herbes sont détruites.

D'autres praticiens font usage d'un mélange de *curures de fossés* avec des fumiers de vache et de porc, préparés aussitôt que possible. Après l'hiver, ils enfouissent superficiellement 25 charges de ce mélange par hectare, ayant précédemment labouré leurs terres profondément en automne. Vers le milieu d'avril, on laboure de nouveau superficiellement et à plat, après quoi la terre est hersée et arrosée avec 44 hectolitres d'engrais liquide de vidanges par hectare, et 56 hectolitres d'engrais liquide de ferme.

Dans les environs de Rousselare, dans la Flandre occidentale, les cultivateurs sèment ordinairement le lin après avoine ou trèfle ; ils emploient là environ par hectare 1,500 tourteaux de colza dissous dans de l'eau, ou de l'engrais liquide. D'autres répandent 22 hectolitres et demi de cendres par hectare sur les sols où les éteules de trèfle ont été labourées avant l'hiver. Quelques-uns fument les chaumes de trèfle avec du fumier de mouton avant l'hiver, quoique cette pratique ne soit pas approuvée des cultivateurs sur terres légères ; ils pensent que ce fumier est seulement utile dans les sols humides, tandis que dans les sols secs le fumier de mouton provoque la précoce maturité de la récolte.

Dans le pays de Waas, l'engrais liquide et les cendres sont principalement employés pour les terres à lin ; pour les pièces qui sont en bon état et contenant encore des restes de la fumure précédente, on emploie de 15 à 17 auges d'engrais liquide par hectare.

L'époque des semis de lin est très-variée dans les divers districts des Flandres : c'est du 1er mars au commencement de mai. Près de Courtray, on sème le plus tôt ; et les cultivateurs du pays d'Aalst, ou sur les terres franches, lourdes et humides, sèment le plus tard. Plus tard est semé le lin, moins il demande du fumier, parce qu'autrement le lin croît trop rapidement, trop mince et verse.

Autour de *Thielt*, on sème beaucoup de lin après avoine et trèfle, et l'on fume presque exclusivement avec des tourteaux de colza et de l'engrais liquide ; les cultivateurs, là, considèrent comme nécessaires 1,125 tourteaux par hectare.

Dans les environs de Courtray, le meilleur lin d'Europe vient sur les secs et riches sols de ce district ; les cultivateurs ne font là usage que de tourteaux avec de l'engrais liquide. Dans la terre qui n'est pas épuisée ils mettent environ 1,500 tourteaux par hectare.

Pour les sols secs, les tourteaux sont trempés dans l'engrais liquide pendant dix jours pour être dissous, après quoi la terre est arrosée avec ce mélange. Pour les terres humides les tourteaux sont concassés très-fin et répandus sur le sol, et parfois les tourteaux de colza sont mélangés avec ceux de pavot.

Après une telle fumure, la terre est arrosée avec 112 hectolitres d'engrais liquide, et trois ou quatre jours après que le sol est bien sec on lui donne une façon à la herse retournée, puis on roule pour fermer le sol ; trois semaines après on herse de nouveau et alors on sème de 146 à 179 kilogrammes, ou plus, par hectare, suivant la richesse du sol.

Le lin est quelquefois, par plusieurs cultivateurs, semé avec 22 kilogr. 400 grammes de graine de trèfle, ou 5 kilogr. 600 grammes de graine de carottes, et ensuite légèrement enfoui avec le traîneau. L'humidité de la terre est ainsi mieux conservée ; dans les terres lourdes, on ne fait pas passer le traîneau parce que la moindre pluie *bat* la terre, qui devient dure et retarde la croissance du lin. Quelques cultivateurs sèment leur lin sur un sol labouré à plat, d'autres font des planches de $2^m,75$ à $6^m,40$ suivant la nature et la situation du sol.

En sols légers, quelques cultivateurs préfèrent semer des carottes plutôt que du trèfle, parce que, suivant eux, le trèfle est préjudiciable à *l'écorce* du lin ; et d'autres, d'accord avec les premiers, disent que le trèfle est inoffensif s'il est semé huit ou dix jours après le lin. Par le sarclage et par la pluie les graines de trèfle seront suffisamment couvertes de terre, mais la récolte ne s'élève pas aussi haut puisque le lin étant en avance, il ne court plus de risques de la part du trèfle.

La qualité de la graine et celle du sol doivent naturellement décider de la quantité de lin à semer par hectare ; mais il vaut toujours mieux semer trop que pas assez, parce que dans ce dernier cas le lin donne un fil plus grossier.

La meilleure graine est la plus lourde ; elle est d'égale grosseur et d'un brun pur.

Ceux qui se connaissent en graine en prennent une poignée, et en laissant passer les graines entre le pouce et un doigt, ils jugent de leur épaisseur et de leur grosseur; d'autres mouillent leur index et le trempent dans la graine de lin, puis examinent les semences qui ont adhéré à leur doigt.

On préfère la graine qui vient tout récemment de Riga. Le lin est soigneusement sarclé, et aussitôt après sa floraison, quand les enveloppes de la graine sont formées et que les tiges deviennent jaunes en bas, il est temps de l'arracher. Si on arrache trop tôt le lin, on perd une grande quantité de graines ; mais ceux qui attendent trop tard pour récolter perdent dans la qualité du lin ; de sorte que l'époque de l'arrachage doit être soigneusement choisie. Aussitôt que le lin est arraché, ses graines sont recueillies, ce qui est fait avec une machine spéciale, espèce de grande étrille à dents de fer.

Les graines sont immédiatement couchées sur une toile et exposées à l'air en beau temps pendant trois ou quatre jours, pour qu'elles sèchent ; après quoi elles sont mises dans un grenier aéré. La graine destinée à être semée est, toutefois, gardée sans être battue pendant l'hiver ; le reste est battu à un moment propice et vendu pour l'extraction de l'huile.

Le lin étant débarrassé de ses graines doit être roui, ce qui est une très importante opération parce que la qualité du lin en dépend. La pratique la plus générale, surtout dans la Flandre orientale, est de lier le lin en bottes de deux poignées chacune, et de les coucher immédiatement dans l'eau, en rangs. Dans ce but on barre les fossés pour faire des réservoirs ou routoirs, surtout dans le voisinage des *aunes*, parce que l'on croit que les feuilles de ces arbres accélèrent le rouissage, et donnent une belle couleur au lin ; pour cette raison, ceux qui n'ont pas de réservoirs ou routoirs près des aunes cueillent des feuilles de ces arbres et les répandent parmi leur lin.

Une seconde précaution, c'est d'arranger le routoir de telle façon qu'aucune parcelle de terre ne puisse y être entraînée par la pluie ; et enfin on pense qu'il ne convient pas d'employer le même routoir deux fois dans l'année.

Il est généralement reconnu qu'il est préférable de mettre le lin verticalement, les sommets en haut, dans les routoirs ; mais ordinairement les réservoirs ne sont pas assez profonds pour cela et alors on met les bottes un peu obliquement.

Le long des bords des routoirs sont fixés des bâtons contre lesquels le lin est placé parce qu'il ne doit pas toucher la terre. Sur le lin on met une natte ou un paillasson en paille, et par-dessus quelques perches et planches qui supportent des pierres, pour que le lin plonge continuellement dans l'eau. La pratique de ceux qui mettent sur les nattes de la terre au lieu de pierres est désapprouvée, parce que le lin est *sali* alors par la terre, ce qui nuit aux opérations subséquentes.

On ne peut fixer le temps pendant lequel le lin doit rester dans le routoir; car la durée dépend de plusieurs circonstances, principalement du temps qu'il fait. Si le temps est chaud, le rouissage avance plus vite; il peut y avoir une différence de cinq à dix jours.

Aussitôt que l'on suppose que le lin est suffisamment roui, on doit l'examiner de temps en temps, pour voir si les parties fibreuses se détachent assez bien d'un bout à l'autre. Ceci demande tant d'attention qu'il est au moins nécessaire d'examiner le lin deux ou trois fois par jour, parce que lorsqu'il est suffisamment désagrégé, il ne doit pas rester dans le routoir une demi-journée de plus, car il se décomposerait et perdrait de sa force.

Quand les bottes de lin sont enlevées de l'eau, elles sont mises à sécher l'une contre l'autre, et dans la soirée ou le jour suivant, si le temps est favorable et que l'on espère de la pluie, elles sont déliées et le lin est répandu sur un pré sec où l'herbe soit courte. Le lin reste là ordinairement douze à seize jours, et de temps en temps on le retourne avec un bâton pour que l'air agisse uniformément sur toutes les tiges. Aussitôt que le lin se détache de lui-même dans les fines tiges, il est de nouveau lié en bottes et porté dans la grange pour être travaillé pendant l'hiver.

Une autre manière de rouir le lin est pratiquée principalement dans le voisinage de Gand (Ghent). On a des routoirs d'une profondeur de $1^m,30$ à $1^m,60$. On place et on fixe toutes les bottes de lin sur des bâtons, de telle façon qu'il reste dans l'eau tout à fait verticalement. Le lin est alors également couvert avec une natte ou paillasson et chargé de pierres, mais avec la précaution qu'il y ait environ 30 centimètres d'eau en dessous du bas des tiges ; le traitement ultérieur est celui mentionné plus haut.

Autour de Courtray on suit une autre méthode. Aussitôt que le lin est arraché, on le met en deux rangs appuyés l'un contre l'autre, les sommets en haut ; et les Flamands font cette opération avec tant d'habileté que le lin est suffisamment serré, et par cela seul préservé du vent et de la pluie. Après dix ou douze jours il est ordinairement suffisamment sec, et il est lié en bottes de $3^k,630$ à $4^k,530$ que l'on porte dans la grange ou que l'on empile en tas ou meules; dans le beau temps on enlève les graines de lin avec le battoir.

En août ou octobre, ou autrement après l'hiver, en mai, le lin est amené à la rivière, la Lieve (la Lys), pour être roui. Dans ce but, un espace est marqué le long du rivage, aussi grand qu'on le croit nécessaire ; le lin attaché à des bâtons est mis verticalement et assujetti par des perches dans l'eau, après quoi il est laissé là jusqu'à ce que l'opération soit achevée.

En août, sept jours suffisent ; dans le commencement d'octobre, il faut douze jours, et à la fin de mai, neuf ou dix, suivant la beauté de la saison.

Le lin acquiert une haute qualité dans l'eau courante, meilleure que s'il est roui dans l'eau stagnante. Il est ensuite répandu pour qu'il blanchisse, quoique d'autres seulement le sèchent en octobre et le répandent sur un pâturage pour qu'il se blanchisse en mars ou avril. Les cultivateurs qui procèdent ainsi disent que le lin est alors plus lourd et d'une meilleure couleur.

Le vieux lin roui est beaucoup plus blanc que celui qui a été récemment roui ; mais on croit qu'il est plus faible.

Après le rouissage, la paille de lin, quand elle est rompue, soit avec le brisoir ou le maillet, doit être *teillée.*

Cette opération demande beaucoup d'habileté ; car si on traite le lin trop grossièrement, les sommets sont rompus, et il devient trop court et de moindre valeur.

Les Flamands ont aussi des moulins pour briser le lin ; ils consistent en une meule en pierre qui passe sur le lin et en rompt la paille de manière qu'il puisse être immédiatement teillé.

Ordinairement le cultivateur amène le lin au moulin avec sa charrette, attèle son cheval au moulin et dirige l'opération ; pour celle-ci, il a besoin de deux ouvriers qui posent le lin, l'enlèvent et le lient. De cette façon, on peut préparer 152 kilog. chaque jour.

Le temps le plus sec est le meilleur pour briser le lin.

Le produit de cette récolte est excessivement variable ; il dépend non-seulement du sol et du mode de culture, mais aussi beaucoup du temps. Il y a une grande différence dans le produit en argent d'une récolte de lin, suivant qu'elle est vendue, après avoir été enlevée, comme lin et comme graine, ou qu'elle est vendue sur le champ. A Menin, Welvegen et Courtray, la récolte est généralement vendue sur le champ pour environ 1,121 fr. par hectare, le prix variant de 623 à 1,246. Le long de la *Leye*, le lin est vendu environ en moyenne 900 fr.

Dans le voisinage de Courtray, le produit de la paille de lin peut être estimé de 4,140 kilog. à 4,270 kilog. par hectare, en moyenne. Le produit moyen des quatre dernières années est resté entre ces poids.

Le produit en graine est au plus de 720 litres et au moins de 450, en moyenne de 540 à 630.

En 1850, le produit des tiges était estimé à environ 4,640 kilog. par hectare dans le voisinage de Courtray et même le long de la *Leye* (Lys).

Le produit moyen le long de la Leye n'est pas cependant aussi élevé ; il n'est que de 4,020 kilog. de tiges, et environ 630 litres de graines.

Dans le pays de Waas, le produit ne varie pas autant ; il est là d'environ 3,890 kilog. par hectare en moyenne.

Le produit moyen dans la Campine, autour de Gand (*Ghent*) et dans les sols sablonneux voisins de Bruges, peut être estimé à 2,510 kilog. par hectare.

Quant au produit de la graine dans ces dictricts, je n'ai que deux chiffres : plus de 450 litres par hectare pour Gand, et 800 litres pour la Campine.

Il est reconnu que de 100 kilog. de tiges, il reste seulement 18 kilog. après qu'elles ont été travaillées.

Prenant 4,140 kilog. comme moyenne de produit en tiges, cela fait, en lin préparé, 745 kilog.

Suivant les comptes fournis, 100 kilog. de lin vendable donnent, par le *sérançage*, 60 kilog. de *lin* proprement dit, 32 d'étoupe et 8 de perte.

En sérançant une seconde fois, on obtient :

Pour 100 kilog. de tiges.	Par hectare.
60 kilog. de lin, dont 36 kilog. de 1re qualité.	267 kil. 031
24 kilog. de 2e qualité.	178 827
32 kilog. d'étoupe, dont 12 de fine.	89 413
20 de grosse.	150 168
8 kilog. de résidus.	59 609
100 kilog. Total par hectare.	745 kil. 048

Chanvre. — Le chanvre est principalement cultivé dans le pays de Waas, dans les sols n° 4 et aussi en n° 1, si ces derniers ne sont pas situés trop haut. Il faut une profonde culture. On fait un labour en octobre, et on le répète en mars ou avril. Vers le milieu de mai, les Flamands fument la terre à raison de 35 charretées de fumier court par hectare, et l'enfouissent à une profondeur d'environ 20 centimètres. Ceux qui n'ont pas assez de fumier court en mettent du long ; mais ils l'enfouissent à environ 30 centimètres de profondeur avant l'hiver, et en mai ils labourent de nouveau à environ 41 centimètres de profondeur.

Dans les sols légers, on défonce la terre en avril à au moins 41 centimètres de profondeur, et au commencement de mai, 25 à 30 charretées de fumier bien décomposé sont enfouies à une profondeur de 15 centimètres. Vers le milieu de mai, on met encore 10 à 12 charretées et demi, par hectare, de vidanges sur le sol, et ensuite on herse deux fois.

Le chanvre est ordinairement semé vers la fin de mai, et on a reconnu qu'il faut par hectare au moins 90 litres de graines qui sont enfouies par deux tours de herse. Les Flamands accordent une attention particulière à la qualité de la graine ; ils préfèrent celle d'une couleur foncée et qui est dure ou lourde, et ils ne l'emploient plus après la première année.

Trois ou quatre jours après l'ensemencement du chanvre, il sort de terre si le temps n'est pas défavorable ; aussitôt que les plantes ont 10 centimètres de hauteur, on les sarcle en les éclaircissant, en sols légers, à des intervalles de 10 centimètres; en terres fortes, où les plantes viennent plus grandes, à une distance double. Les Flamands donnent une attention particulière à enlever toujours les plus grands plants, parce que ce sont les mâles et qu'ils ont moins de valeur, puisqu'ils ne produisent pas de graines.

Les plantes mâles sont enlevées en août, tandis que celles qui portent des semences, sont récoltées en octobre. On reconnaît que les mâles sont assez mûres, quand le pollen des fleurs a été dispersé, et que les tiges sont blanches et jaunes à la partie supérieure.

Les plantes femelles sont enlevées aussitôt que la graine est suffisamment mûre, et que les tiges sont fanées.

Les plantes sont liées en petites bottes, et sont alors placées droites l'une contre l'autre dans le champ pour sécher, ce qui demande huit ou dix jours suivant le temps; la graine est alors battue sur une toile, et les tiges sont mises à rouir dans l'eau. Elles restent là huit ou dix jours, suivant le temps; les plantes mâles, toutefois, doivent rester plus longtemps, parfois plus de deux mois, et il n'est pas rare de les voir sous la glace.

Le chanvre donne un produit avantageux, car il est souvent vendu sur le champ 750 à 870 fr. par hectare; et la graine peut rapporter, en outre, 250 à 310 fr.

Un hectare produit ordinairement environ 111 bottes de chanvre de 11 kil. 788 grammes à 12 kil. 242 grammes chaque, soit 1,311 à 1,361 kil. par hectare.

Les graines servent à faire de l'huile, et les tourteaux, qui valent ordinairement 12 fr. les 100 kilog., sont employés comme engrais ; pour les sols secs, ils sont détrempés ; mais pour les terres humides, ils sont pulvérisés et répandus à la surface. La paille brisée du chanvre est employée au même but, principalement sur les terres destinées au froment.

Dans le pays de Waas et à Dendermonde, le produit du chanvre n'est pas considéré comme étant de valeur suffisante pour payer sa culture, la quantité d'engrais et de travail requis étant si grande ; mais on y fait néanmoins du chanvre, parce qu'après cette plante la terre est bonne pour toute espèce de récolte pendant deux ou trois ans : si 7 1/2 à 10 charretées de fumier par hectare sont répandues sur une telle terre, elle donne le meilleur froment.

En sols légers, les Flamands sèment des carottes, et ensuite avec 7 1/2 à 10 charretées de matières fécales la terre produit le plus beau lin, parmi lequel on peut de nouveau semer des carottes ou du trèfle.

Tabac. — Un grand nombre de fermiers belges cultivent un peu de tabac, dans leur jardin, pour leur propre usage; mais c'est principalement dans deux districts que cette plante est cultivée en grand; et surtout dans la Flandre orientale, autour de *Geersbergen*, et dans la Frandre belge occidentale, près de *Menin*, *Gelume*, *Commines* et *Wervick*. Le tabac provenant de ce dernier pays, où le sol est silico-argileux et riche, est considéré comme le meilleur.

Voici les détails de la culture du tabac en Belgique :

Quoique le tabac soit ordinairement cultivé après le blé, ce n'est nullement une règle. En automne, aussitôt que les dernières récoltes sont enlevées des champs, on laboure superficiellement la terre destinée au tabac et on la laisse ainsi jusqu'en novembre où décembre, époque à laquelle on apporte quarante-cinq à cinquante charretées de fumier (de vache et de cheval, mélangés) ; on enfouit de suite ce fumier à une profondeur de 46 centimètres au moins, pour qu'il puisse pourrir pendant l'hiver.

D'autres fermiers, qui ont de bon *fumier court*, ne le portent sur le champ que lorsque l'hiver est passé.

C'est sur les sols les plus lourds que l'on emploie les plus fortes quantités de fumier, et ce sont ceux qui donnent le meilleur tabac.

Après l'hiver, et pendant le beau temps, la terre est labourée de nouveau, et ce travail est répété cinq ou six semaines après, mais alors seulement à une profondeur de 10 centimètres.

Ensuite on répand par hectare de 4,480 à 5,600 kilogr. de tourteaux de colza, qui sont enfouis à la herse; après quoi on laboure de nouveau superficiellement.

En sol léger, il n'est pas bon de faire usage de trop de fumier de vache et de cheval, parce que, dans les étés chauds et secs, cet engrais provoque la trop rapide maturité du tabac ; mais le tourteau de colza ne peut jamais être en trop forte quantité.

Vers le milieu de mai, on prend la même quantité de tourteaux de colza (4,480 à 5,600 kilogr.), que l'on dissout dans de l'eau et de l'engrais liquide (purin); on répand cette dissolution sur la terre, qui est ensuite labourée de nouveau.

L'engrais liquide employé pour cet arrosage ne doit pas provenir de l'écurie, parce qu'il donnerait un mauvais goût au tabac. Les engrais de porc et de mouton, au contraire, sont approuvés pour cet usage et donnent, dit-on, un meilleur goût au tabac.

Les matières fécales provenant des villes sont aussi excellentes pour le tabac, et quand l'on peut s'en procurer, on en répand, par hectare, 34 hectolitres, après avoir semé sur le sol 5,600 kilogrammes de tourteaux de colza en poudre; la terre, après l'arrosage, est labourée à 10 centimètres de profondeur, et, enfin, trois jours avant le repiquage du tabac, on herse la terre pour la rendre aussi meuble et fine que possible.

La culture du tabac entraîne ainsi une très-grande dépense; pour l'engrais seulement, il faut environ 1,250 fr. par hectare.

Les plants que l'on repique proviennent de pépinières faites dans des places bien abritées; ainsi, par exemple, les Flamands choisissent dans ce but un morceau de terre situé derrière une maison ou une grange, et protégé par des haies ou des clôtures en paillassons.

En mars, si la saison le permet, on sème environ 22 litres 45 de graine et l'on en obtient assez de plants pour repiquer un hectare. Si l'on craint les gelées, on couvre les plants sortis de terre de litière et de paillassons. Ces plants sont bien sarclés et éclaircis et restent ainsi jusqu'en juin, époque de l'arrachage pour leur repiquage.

Le repiquage doit être fait très-soigneusement ; la terre, qui a été préalablement amenée par les hersages à un grand état de division, est roulée si le temps est sec. L'opération du repiquage est plus convenablement faite par un temps couvert suivi d'une pluie. Les plants ayant trois ou quatre feuilles sont plantés à la distance de 46 centimètres l'un de l'autre, en rangs distants de 61 centimètres. Dans le cas de sécheresse, il est nécessaire d'arroser les plants. Quinze ou vingt jours après le repiquage, la terre est binée pour détruire les mauvaises herbes, et l'on met de nouveau un peu d'eau dans laquelle on a fait dissoudre des tourteaux de colza ; quelques cultivateurs considèrent ce dernier arrosage comme superflu. Quand les plants ont 30 centimètres de hauteur on donne un second binage et on butte les plants. Aussitôt que les plants ont de dix à douze feuilles, les têtes sont coupées ; ce travail est fait dans la matinée parce qu'alors les plants sont plus ouverts. Il importe que cette opération soit faite en temps convenable, parce que les plantes croîtraient trop haut, si on la retardait trop.

Les branches latérales qui sortent successivement doivent être enlevées au fur et à mesure. La terre ne demande pas de culture ultérieure, et vers le commencement de septembre commence la récolte du tabac. Les feuilles alors deviennent jaunâtres, ridées et pendantes vers le sol; un temps clair est choisi et la récolte se fait comme il suit :

Toutes les feuilles sont enlevées de la tige, ou la plante entière est coupée près de terre et laissée pendant quelque temps, jusqu'à ce que les feuilles soient quelque peu fanées. Avant le soir, tout est porté à la grange; les feuilles sont enfilées sur des cordes et pendues à l'exposition du sud et de l'est, sous les égouts de la maison et de l'écurie, ou mises dans des greniers ayant un nombre suffisant de fenêtres pour permettre une libre circulation de l'air.

Des fermiers, qui ont une grande quantité de tabac à sécher, font, au sud de la grange ou de l'écurie, un arrangement particulier, consistant en quatre perches unies par des pièces transversales, sur lesquelles sont pendues les feuilles enfilées sur des bâtons ; les feuilles sèchent ainsi plus vite ; mais s'il vente ou s'il pleut, les bâtons doivent être poussés tout près les uns des autres et le tout couvert avec de la paille.

Quand le tabac est suffisamment sec, soixante ou soixante-dix feuilles sont liées ensemble, et ces bottes ou poignées sont appelées *manotten* (du hollandais) ; ces poignées sont mises au grenier, empilées par trois ou quatre : tous les huit ou dix jours ces tas sont retournés jusqu'à ce qu'il commence à geler ; alors les poignées sont réunies en tas carrés de 90 centimètres de large et de haut : on doit chaque jour visiter ces tas de peur qu'ils s'échauffent ; quand ceci arrive, on défait les tas immédiatement, sinon ils seraient détériorés en une journée ; aussitôt que la tendance du tabac à s'échauffer cesse, quelques cultivateurs le recouvrent d'une toile qu'ils chargent de poids.

Outre le profit qui peut être obtenu du tabac, dans le cas d'une récolte favorable, la terre est en même temps laissée en un bon assez état pour produire l'année suivante du colza, et ensuite du froment sans exiger de fumier.

Dans la pépinière, on laisse quelques plants pour porte-graines ; on maintient la terre bien propre entre ces pieds et on n'enlève aucune feuille, mais bien les capsules de graines quand elles sont suffisamment mûres ; ces capsules sont séchées au soleil et conservées jusqu'à ce qu'on en ait besoin.

Dans l'arrondissement de Lille, on fume, pour le tabac, à raison de 70,000 kilog. de fumier par hectare, sans compter un arrosage avec de la courte-graisse (matières fécales liquides) donné après le premier labour d'avril, et un semis de poudre de tourteaux entre les deux premiers binages.

On repique les plants du 1er au 24 juin.

Le rendement en tabac (la récolte est livrée à la régie le 1er décembre) peut aller à 1,200, 1,400 et même 1,500 kilog. de feuilles sèches, y compris celles du bas, appelées savonnette, qui ont moins de valeur que les supérieures. En France, le prix payé par la régie est variable.

La récolte peut valoir de 864 à 1,200 francs au moins et peut monter à 2,000 et 2,500 francs. Le tabac exige un sol extrêmement riche, car il reste peu sur le sol et doit fixer beaucoup de principes minéraux ; mais il n'épuise que très-peu la terre qui reste après cette récolte dans un très-bon état. Le tabac, suivant quelques cultivateurs, peut revenir tous les six ou huit ans ; d'autres pensent qu'il convient de ne le faire revenir que tous les dix ans.

La *chicorée* est beaucoup cultivée dans quelques districts des Flandres, principalement dans le voisinage des villes, depuis que ses racines grillées sont employées soit pour mélange avec le café, soit pour son remplacement. Les sols nº 1, 2 et 4 sont propres à la chicorée, mais les deux premiers sont préférables, parce qu'ils produisent plus sans fumier que le dernier bien fumé. La terre doit être labourée très-profondément ou plutôt défoncée à la bêche.

La culture de la *chicorée à café* est semblable à celle de la *carotte* ; mais la première doit être semée environ quinze jours plus tard que la dernière, et à raison de 1 kil. 120 gr. par hectare.

A la fin de septembre, les racines sont arrachées et les feuilles étant coupées, on vend de suite les racines. Quelquefois cette récolte est très-lucrative. Beaucoup de cultivateurs donnent les feuilles au bétail.

La culture de la chicorée n'est pas générale dans le pays, et elle ne fait pas partie de la culture usuelle.

[Dans la Flandre française, la *chicorée* est cultivée surtout auprès de Valenciennes, et quelque peu près de Douai. Cette plante exige un sol riche et doit venir après une récolte qui laisse beaucoup d'arrière-engrais. Si l'on fumait pour la chicorée, les feuilles prendraient un grand développement au détriment des racines.

Le champ destiné à la chicorée est déchaumé immédiatement après l'enlèvement de la précédente récolte. Dans le courant de l'automne on donne un labour ordinaire, et en mars on défonce au *louchet* à la profondeur d'un bon fer de bêche (30 centimètres au moins) ; à la fin de mars ou dans la première semaine d'avril, on donne un labour d'environ 10 centimètres et ensuite un hersage pour bien émietter le sol ; on herse de nouveau quelques jours après et l'on sème.

Lorsque la chicorée montre ses premières feuilles on donne un premier binage ; puis lorsque les tiges sont bien visibles, on donne un second binage et l'on éclaircit les plantes de façon à ce qu'elles soient en tous sens à 12 centimètres l'une de l'autre. S'il en est besoin on donne un troisième binage en temps opportun.

On arrache les racines à la bêche dans la première quinzaine d'octobre; il faut pour cela creuser à deux fers de bêche successifs.

Les racines extraites, on les nettoie et on les met sécher à l'air libre. Après les avoir coupées en morceaux de 3 à 5 centimètres de long, on les fait sécher sur une plaque de touraille, et après cette préparation on peut les conserver jusqu'au moment de la vente.

Le rendement varie beaucoup et peut atteindre dans un sol riche 5,000 kil. par hectare.]

Genêt à balais.—Dans les sols pauvres, et quand on ne dispose que d'une faible quantité de fumier, cette plante est très-utile. Elle est principalement cultivée dans les sols n° 3.

On la sème dans le seigle, à raison de 224 litres par hectare, dans le mois de mars, et on enfouit la graine par un roulage. Le seigle doit être coupé assez tôt pour que les jeunes genêts ne souffrent pas.

Cette plante reste trois ans en terre et est alors arrachée ; un hectare peut produire 4,450 bottes qui peuvent être vendues 436 francs, ce qui est un bon produit pour une terre aussi pauvre.

Après le genêt, la terre est débarrassée des mauvaises herbes et plus ou moins engraissée par les feuilles tombées ; aussi en ajoutant quelque peu de fumier, on peut de nouveau semer du seigle ; par la suite le genêt revient de lui-même et de cette façon la terre redonne un produit.

Les terres arables sont très-souvent encloses dans les Flandres par des *haies ordinaires ou des haies plantées d'arbres* ; ces champs n'ont souvent pas plus de 80 ares d'étendue, et sont entourés de fossés dont les bords sont garnis d'un ou deux rangs de haies présentant tous les 5 mètres et demi à 6 mètres et demi un peuplier ou un chêne. On laisse l'herbe croître le long des haies jusqu'à environ quatre pas sur chaque côté, ce qui fait à chaque champ enclos une bordure verte souvent très-utile; si le labour était fait jusqu'au pied des haies, les plantes cultivées souffriraient du voisinage des haies et les façons culturales seraient rendues inutilement très-laborieuses.

Les fossés servent en même temps à séparer les champs et à assainir le sol. L'exploitation des haies fournit au fermier du bois de chauffage, tandis que la bande d'herbe qui entoure chaque champ est pâturée par le bétail. Le petit vacher vient avec trois vaches attachées à une corde et les fait paître en ayant soin de les empêcher de passer dans le champ. Les arbres existant dans les haies sont ordinairement la propriété du propriétaire. On croit ces arbres nuisibles à la terre parce qu'ils cachent le soleil et arrêtent le vent ; mais jusqu'à un certain point il y a balance entre les avantages et les inconvénients, car ils donnent annuellement un produit considérable en bois.

Dans le pays de Waas, où les haies boisées sont les plus communes, on s'en plaint moins, ce qui s'explique par le mode particulier de plantation qui est suivi dans cette partie des Flandres. On défonce le bord du fossé et avec la bêche une largeur de 1 mètre 20 centimètres et une profondeur de 9 décimètres ; la terre extraite est jetée sur le champ pour le surélever. C'est dans la partie creusée que les arbres sont plantés, de sorte que leurs racines sont de près d'un mètre plus basses que le champ et ne peuvent lui nuire. Le principal avantage de ces haies boisées est l'abri qu'elles fournissent contre les vents froids ou brûlants.

CHAPITRE IX

ROTATIONS ET ASSOLEMENTS DES FLANDRES.

Les rotations des récoltes dans les Flandres sont très-diverses et en général à très-longues périodes. Le fermier, en ne s'assujettissant pas à une rotation tout à fait fixe, en cultivant un grand nombre de plantes, et en fumant souvent et parfois avec des engrais actifs, a une grande latitude dans son assolement : toutes les récoltes étant sarclées, il ne craint pas les récoltes salissantes, et parfois il ne craint pas de faire deux et même trois céréales de suite ; il ne serait pas possible de mentionner ici tous les différents arrangements et toutes les pratiques des cultivateurs, dans tous leurs détails ; cependant quelques exemples suffiront pour donner une idée exacte d'une exploitation flamande.

Prenons, par exemple, une ferme en sols sablonneux mélangés de terre noire, tels qu'on en trouve au nord de Gand (Ghent). Ces terres produisent du *froment*, du *seigle* et de *l'avoine* ; des *pommes de terre*, du *lin*, des *carottes*, du *trèfle* et des *turneps* (navets et raves).

Le *froment* est semé avant l'hiver, après les *pommes de terre* et le *lin* ;

Le *seigle*, après le *froment*, et après le seigle des *navets* en culture dérobée ;

L'*avoine* vient après ces *navets dérobés*, et reçoit la graine de trèfle ;

Le *trèfle* n'est pas fauché avant l'année suivante, de sorte que d'égales surfaces sont semées en *froment*, *seigle* et *navets*, *avoine* et *trèfle* chaque année ;

Moitié *pommes de terre* et *carottes* après le *trèfle* ;

Le *lin* vient après les carottes, de sorte que la rotation est de cinq ans sur moitié de l'exploitation et de six ans sur l'autre moitié ; ou si l'on veut, c'est une rotation de onze ans.

Cette inégalité de rotation, ce nombre impair onze permet de ne faire revenir le lin que tous les onze ans sur la même terre et donne la plus grande latitude.

Dans cette rotation il est possible de cultiver une ferme de 20 hectares avec une charrue ; cette exploitation présente chaque année 2/11 en *froment*, 2/11 de *seigle* et de *navets dérobés* ; 2/11 d'*avoine* et 2/11 de *trèfle*, 1/11 de *pommes de terre*, 1/11 de *carottes* et 1/11 de *lin*.

En suivant cette rotation, on retire du fumier tout le produit possible ; et le bétail nécessaire trouve une suffisante quantité de fourrages.

Après avoir déterminé, de cette façon, la surface qui peut être cultivée avec une seule charrue, la question qui se présente est celle de décider s'il est plus profitable d'avoir une ferme d'une charrue (à deux chevaux) que de plusieurs.

Le pays de Waas est certainement la partie la mieux cultivée des Flandres belges, et là les fermes sont généralement de moins de *neuf* hectares de terre arable; par suite le fermier peut faire toutes ses cultures avec un cheval et tous ses transports avec une charrette. Il fait lui-même toutes les plus laborieuses façons ; il bêche et conduit ; et s'il emploie des journaliers, il travaille avec eux. Rien n'est négligé par ce fermier ; et ce qu'il produit étant pour la plus grande partie obtenu par son propre travail, lui revient à un faible prix. On peut affirmer que les fermes d'une charrue donnent le plus de profit ; et dans l'intérêt du propriétaire foncier et de la terre elle-même, les petites fermes sont les plus avantageuses.

Une grande population, qui obtient le *maximum* du sol, donne à la propriété foncière et la plus grande valeur et la plus grande fertilité.

CHAPITRE X.

BATIMENTS RURAUX

Les bâtiments des fermes flamandes sont d'une disposition si simple qu'une courte description et l'examen des planches 8 et 9 suffiront pour en donner au lecteur une idée parfaitement nette.

Ces bâtiments sont généralement entièrement faits en maçonnerie, le toit couvert en paille, sauf les égouts qui sont en tuiles sur quatre rangées.

La planche 8 représente le plan en-dessus du sol et l'élévation de la façade orientale ; la planche 9 représente le plan souterrain et la façade occidentale.

Suivant le nombre d'animaux gardés, le corps de bâtiment sera plus ou moins long que celui dont nous donnons ici les plans ; mais la disposition générale restera la même.

La description détaillée de ces deux planches sera donnée ci-après.

Les blés mis en meules sont aisément transportés à la grange et de là à l'aire à battre N. La paille battue est portée dans les greniers au-dessus des animaux, et de là, elle est jetée en bas, soit pour fourrage, soit pour litière. Les bâtiments d'une ferme pareille à celle dont nous donnons les dessins, peuvent coûter de 8,500 à 8,750 francs.

CHAPITRE XI.

ORGANISATION ET PERSONNEL DE LA FERME

Dans une telle ferme, il y a le fermier et sa femme, un charretier, un domestique, un jeune vacher et deux servantes, et momentanément quelques journaliers.

Le *fermier* décide de tous les travaux extérieurs, et surveille chaque jour ses récoltes ; il achète et vend. Il est son propre surveillant pour les haies, les fossés et les chemins et les maintient en bon état. Il prend un soin tout particulier pour conserver les matières fertilisantes et veiller à ce que les instruments et les véhicules soient maintenus en bon état.

La *fermière* est chargée de tous les travaux d'intérieur : elle prend soin des vaches et des porcs, prépare le lait, le beurre et le fromage.

Le *charretier* prend soin des chevaux et de l'écurie ; il laboure, herse et conduit la charrette.

Le *domestique* charge les chariots, répand le fumier, fauche la provision journalière de trèfle, coupe les haies, veille aux plantations, arrange le fumier et entretient les chemins ; dans les champs, il fait les travaux qui sont réellement les plus durs.

Les *deux servantes* font les travaux de la maison et des étables ; en été, elles vont dans les champs et, en hiver, elles filent pour le ménage.

Un fermier doit compter que, outre son ménage, il a annuellement cinq personnes à nourrir ; parce que, sauf dans les polders, l'usage général est (outre les gages) de nourrir le batteur, le charretier, le tailleur, le charpentier, le maçon, le couvreur, le boucher, en un mot, tous ceux qui travaillent sur la ferme.

Sur de telles fermes, il y a ordinairement deux chevaux ou mieux des juments, un poulain d'un an et un de deux ans ; quatorze vaches, quatre génisses, quatre veaux et quatre porcs.

La ferme produit plus que ce qui est nécessaire au bétail, à moins que le trèfle ne manque ; en ce cas, les fermiers sont souvent forcés de faucher du blé en vert pour servir de fourrage.

Une ferme cultivée de la façon que nous venons d'indiquer donne une existence convenable au fermier et le sol n'est pas épuisé. Dans les premiers temps, dans les Flandres, les fermiers pensaient que la culture était impossible sans pâturages ; ils avaient alors moins de bétail, et quoique le fermier disposât de plus de terres, il ne pouvait l'amener à un état suffisamment fertile, et les profits étaient moindres. C'est depuis que le mode perfectionné de cultiver a été introduit, que les Flandres sont devenues un modèle pour les cultivateurs des autres pays.

Nous ajouterons un mot sur les relations existant entre les propriétaires et les fermiers dans les Flandres. Les clauses ordinaires des baux, outre la désignation des contenances, sont les suivantes. Le fermier doit :

1° Payer tous les impôts ;

2° Entretenir les chemins et les haies ;

3° Habiter la ferme, en la garnissant des instruments, du bétail et de tout ce qui est nécessaire pour le maintenir et faire toutes les réparations dénommées dans le *Code Napoléon*. En ce qui concerne les bâtiments, le fermier, en entrant, les prend sur évaluation, de façon que quand il quitte la ferme, il profite de leur augmentation de valeur ou paye leur diminution ; et si, faute de réparations, les bâtiments sont dépréciés, le fermier est obligé de payer le double du dommage souffert par le propriétaire ;

4° Payer le coût de toutes grandes réparations aux bâtiments qui peuvent être nécessaires pendant la durée du bail ;

5° Nourrir les ouvriers que le propriétaire peut avoir à employer pour la réparation et la reconstruction de tous les bâtiments; apporter avec ses chariots et ses chevaux, et des lieux désignés par le propriétaire, tous les matériaux nécessaires à ces travaux;

6° Laisser tous les jeunes arbres croître au profit du propriétaire, et prendre soin pendant l'*occupance* des arbres déjà plantés ou de ceux que le propriétaire planterait;

7° Laisser le propriétaire couper ou planter sur la ferme ceux des arbres qu'il lui plaît de choisir;

8° Quand un taillis est coupé (il appartient au fermier), laisser de dix à quinze des meilleurs jeunes arbres par 2 hectares; prendre soin du jeune bois après la coupe en le débarrassant de toutes les racines et herbes qui l'étouffent; nettoyer les fossés et mettre la terre et les mauvaises herbes en tas que l'on répand l'année suivante autour des arbres;

9° Payer et nourrir ceux que le propriétaire envoie tailler et planter les arbres sur la ferme, le fermier ayant les branches enlevées;

10° Veiller dans la ferme et les champs, et avertir le propriétaire de tous empiétements qui peuvent y être faits, sinon le fermier est responsable du dommage;

11° Ne sous-louer aucune terre et ne vendre aucun des droits du fermage sans le consentement écrit du propriétaire;

12° Se conformer, pour la culture des terres, aux lois et coutumes existantes, et principalement à la règle en date du 17 octobre 1671 concernant l'entrée et la sortie des fermiers pour la terre située dans la *Châtellerie-du-Vieux*, bourg de Gand;

13° Consentir à ce que, durant la dernière année du bail, le successeur puisse cultiver et ensemencer les champs, après que les récoltes de l'occupant sont enlevées; qu'il puisse semer, en temps opportun, du trèfle dans les champs destinés au froment, orge, avoine ou lin; qu'il puisse mettre ses récoltes en grange en août, sans être obligé à attendre jusqu'à l'expiration du bail, et quand ce temps est venu, quitter directement tous les bâtiments de la ferme.

Telles sont les conventions auxquelles le fermier des Flandres belges se soumet, et considérant qu'il est obligé de payer toutes les charges de la propriété, pour un bail qui ne dure qu'un temps très-court — six ou neuf ans, — on peut aisément imaginer que la rente doit être basse en proportion du produit net de la ferme. Pour la plupart des fermes, on paie la moitié du produit net, et c'est généralement le prix de location de la terre qui est actuellement de 62 à 78 fr. par hectare.

[Voici quelles sont les clauses communes à tous les arrondissements de la Flandre française, d'après l'auteur du volume de l'*Agriculture française du département du Nord*.

1° D'acquitter le prix du fermage en monnaie ayant cours ;

2° De payer les impositions de toute nature prévues ou non prévues ;

3° D'entretenir les chemins, fossés, haies, canaux ;

4° De fournir chaque année la paille nécessaire pour l'entretien des toitures (cette clause n'existe, en général, que dans les arrondissements de l'ouest, là où les constructions rurales sont encore couvertes de chaume);

5° De faire les grosses et les petites réparations (dans certaines localités cependant les premières incombent à la charge du propriétaire);

6° De ne pas vendre les récoltes sur pied sans le consentement du propriétaire ;

7° De consommer toutes les pailles dans la ferme (cette clause essentielle n'est pas obligatoire dans le canton de Bourbourg ; aussi les mauvais fermiers profitent-ils du silence, disons mieux, de l'incurie du propriétaire à cet égard, pour vendre la plus grande partie de leurs pailles);

8° De ne point dessoler ni de rompre les pâtures ;

9° De ne point sous-louer sans le consentement du propriétaire.

Dans la Flandre française, le prix de location varie de 60 à 110 fr., et la moyenne peut être estimée à près de 80 fr. par hectare.]

CHAPITRE XII.

SALAIRES ET PRIX DE REVIENT DES CULTURES

[Dans la Flandre française, les charretiers, ou cartons, sont payés à raison de 150 à 200 fr., nourris et blanchis ; les servantes ont de 50 à 120 fr. par an. Le petit garçon vacher reçoit de 40 à 70 fr. par an.

La coupe à tâche, au *piquet*, du blé se paie au moins 10 fr. par hectare.

Voici quelques prix de revient des diverses cultures de la rotation suivante adoptée près de Gand : 1° pommes de terre ; 2° froment ; 3° seigle et navets dérobés ; 4° avoine ; 5° trêfle ; 6° carottes ; 7° lin ; 8° froment ; 9° seigle et navets dérobés ; 10° avoine ; 11° trêfle.

Doit (dépense).			**Avoir** (produit).		
1re ANNÉE. — *Pommes de terre.*					
Location et impôts	110	»	15,000 kilogr. de pommes de terre à 8 fr. les 100 kilogr.	1,200	»
Fumier	196	»	Arrière-fumure	97	50
Transport	34	»	Total	1,297	50
Épandage	7	»	Bénéfice pour balance.	622	50
Double labour et main-d'œuvre	29	»			
13 hectolitres de pommes de terre de semence à 8 fr.	104	»			
Plantation	9	»			
Sarclage et buttage	30	»			
75 barriques de purin, à 1 fr. 30 c.	97	50			
Arrachage des pommes de terre	36	»			
Transport	22	50			
Total	675	»		675	»
2e ANNÉE. — *Froment.*					
Loyer et impôts	110	»	27 hectolitres de froment à 30 fr.	810	»
Arrière-fumure	97	50	Paille	187	50
Fumier	121	»	Arrière-fumure	40	50
Tansport et épandage	29	50	Total.	1,038	»
Double labour et hersage.	36	»	Bénéfice pour balance.	473	»
150 litres de blé de semence à 30 fr.	45	»			
Frais de semis	10	»			
Sarclage	34	»			
Fauchage, liage et transport	37	»			
Battage et nettoyage	45	»			
Total	565	»		565	»
3e ANNÉE. — *Seigle.*					
Loyer et impôts	110	»	34 hectolitres de seigle à 18 fr.	612	»
Arrière-fumure	40	50	Paille	187	50
Fumier	196	»	Total.	799	50
Charrois	34	»	Bénéfice pour balance.	144	»
Épandage	7	»			
Double labour, hersage et main-d'œuvre	29	»			
150 litres de seigle de semence	27	»			
Ensemencement	10	»			
75 barriques de purin	97	50			
Sarclage	19	»			
A reporter	570	»	*A reporter*	655	50

Doit (Dépense).			**Avoir** (Produit).		
Report.	570	»	*Report.*	655	50
Fauchage	9	»			
Liage	9	»			
Transport	22	50			
Battage et nettoyage	45	»			
Total	655	50		655	50
Navets dérobés.					
Chaux, 50 hectolitres	52	50	Valeur des navets	237	50
Transport	10	50	Restant de la chaux	26	75
Labour, semence et semis	17	»	Total	264	25
Sarclage	12	»	Bénéfice pour balance.	149	75
Arrachage	22	50			
Total	114	50		114	50
4e ANNÉE. — *Avoine.*					
Loyer et impôts	40	»	43 hectolitres d'avoine à 10 fr	430	»
Arrière-chaulage	26	75	Paille	135	»
Fumier	150	»	Trèfle	347	50
Transport	24	»	Total	812	50
75 barriques de purin	75	»	Bénéfice pour balance.	313	25
Répandre et enfouir le fumier	6	»			
Labour et hersage	15	»			
225 litres d'avoine et 24 kilogr. de trèfle	36	»			
Semis	4	50			
Sarclage	25	»			
Fauchage, liage et récolte	34	»			
Battage et nettoyage	22	05			
Total	498	75		498	75

Il faudrait retrancher des bénéfices environ 10 pour cent des dépenses, pour frais généraux et intérêts pendant six mois des sommes avancées. Nous avons conservé les chiffres tels qu'ils nous ont été fournis.

Voici la rotation adoptée, en terre légère, par M. Claës, célèbre agriculteur possédant une distillerie : 1° seigle fumé; 2° betteraves avec engrais pulvérulent; 3° avoine; 4° trèfle semé dans l'avoine précédente; 5° seigle fumé; 6° betteraves avec engrais pulvérulent; 7° avoine; 8° pommes de terre.

Voici une rotation du pays de Waas : 1re année, 1° pommes de terre sur labour à la bèche, 34,000 kilogr. de fumier (75 charretées) ; 2° avoine, froment ou seigle, avec carottes, et 17,000 kilogr. de fumier (37 1/2 charretées) ; 3° lin ou avoine, avec 5,460 litres de purin par hectare; 4° trèfle, avec cendres de tourbe; 5° seigle, et 17,000 kilogr. de fumier ; 6° seigle, avec 9,000 kilogr. de fumier ; 7° sarrasin. En tout 81,900 kilog de fumier par hectare, estimés 8,500 fr., sans compter le purin et les cendres : soit en tout 13,000 kilogr. de fumier par année.

EXPLICATION DES PLANCHES

Planche 1. — Cette planche représente, en plan et en coupe transversale, une cave ordinaire à engrais liquide. Les pieds-droits supportant les retombées de la voûte en berceau sont en briques et ont deux longueurs de briques d'épaisseur ($0^m,42$ à $0^m,44$). La voûte est une double voûte ayant une brique et demie d'épaisseur ($0^m,31$ à $0^m,33$). Les reins de la voûte sont garnis, comme l'indique la figure, et couverts de terre sur une épaisseur d'environ $0^m,15$ à $0^m,20$. Le plancher de la cave est en briques posées de champ et droites ($0^m,22$ d'épaisseur). Il convient d'employer pour l'exécution de cette maçonnerie du mortier de chaux hydraulique, et d'enduire l'intérieur d'une couche de ciment hydraulique (ciment romain ou de Portland).La cave représentée est carrée et a $4^m,50$ dans œuvre ; on peut en supposer deux ou trois accolées de la même dimension. La voûte est percée en haut d'une ouverture ovale de $0^m,30$ sur $0^m,40$, espèce de *trou d'homme*. Cette ouverture est faite dans quatre madriers de chêne reliés ensemble par quatre boulons; le tout formant une clef de voûte. Une seconde ouverture est ménagée sur le mur extrême, s'il est possible, et dans les murs de refend pour l'accès de l'air.

L'échelle de cette planche est de 2 centimètres pour 1 mètre.

Pl. 2. — Cave à engrais liquide par petits berceaux parallèles et contigus. Les murs supportant les voûtes sont à retraite et d'une épaisseur décroissante depuis le bas $0^m,55$, puis $0^m,44$, puis $0^m,33$ et enfin $0^m,22$ ou quelque peu plus si les briques ne sont pas de bonne qualité. Ces murs portent une assise de pierre de taille, taillée suivant deux plans obliques pour supporter les voûtes en briques qui sont doubles et de $0^m,22$ d'épaisseur seulement. Le plancher est en voûte renversée, de même épaisseur, reposant sur une couche de mortier. Les ouvertures de cette cave sont comme celles de la précédente.

L'échelle est aussi de $0^m,02$ pour 1 mètre.

Pl. 3. — *Charrue dite Brabant.* Cet araire à sabot ou patin a servi de modèle à la plupart des bonnes charrues actuelles. Ce qui le caractérise, c'est un large soc très-plat, suivi d'un versoir renversant la terre d'un mouvement progressif, c'est-à-dire de plus en plus vite. Le coutre est ordinairement en faucille dans les charrues belges. Les fig. 1 à 6 sont au vingtième, et les fig. 7, 8, 9, etc., au dixième.

Pl. 4. — *Charrue-Coutre.* L'âge au travers duquel passe le mancheron repose en avant sur un grossier avant-train, que l'on avance ou que l'on recule pour aller plus ou moins profondément, la chaîne de tirage étant attachée soit à l'un des crans *h*, soit à la clavette *i*, suivant les cas. Le versoir de cette charrue est concave en avant et convexe en arrière: il est très-droit, et peut être accroché à droite ou à gauche pour verser la terre d'un ou d'autre côté; c'est le principe des tourne-oreilles primitifs. Le coutre est poussé à gauche ou à droite, suivant que le levier *f* est mis à droite ou à gauche de l'extrémité supérieure de l'étançon d'avant *d*.

Pl. 5. — Traîneau et claie destinés à niveler le sol et à l'émietter superficiellement. — Herse-épines pour recouvrir les graines fines.

Pl. 6. — Rouleaux flamands.

Pl. 7. — Instruments de culture manuelle.

Pl. 8 et 9. — Bâtiments d'une ferme flamande :

A, entrée ; B, cuisine ; C, escalier conduisant à deux lits et au grenier à blé. Les cinq premiers degrés sont mobiles ; on les soulève pour descendre à la cave. — D, chambre à coucher; E, chambre des servantes. — F, place de métier à tisser et pour petits instruments. Il faut monter deux ou trois degrés pour y arriver. Au-dessus, sont les lits des domestiques, qui y parviennent avec une échelle de meunier mobile. G, pavage devant les vaches et les chevaux ; là sont les mangeoires ; le trèfle, les racines et autres provisions y sont entreposés et la paille y est coupée. H, la pompe pour l'alimentation du bétail. H, étable pour les vaches, génisses et veaux, avec deux portes dont l'une ouvre sur la cour antérieure et l'autre dans la cour à fumier devant le tas; de ce même côté ouvrent les portes des loges à porcs, et cette cour à fumier, est close par une haie ou une clôture sèche. L, L ; cinq loges à porcs. Si le fermier engraisse quatre porcs, chacun d'eux a sa loge et la cinquième est pour les jeunes. — M, écurie ; les harnais sont pendus du côté de la porte et dans le coin à 1^{m},20 ou 1^{m},50 du sol se trouve un lit, où le charretier monte à l'aide d'une échelle. N, aire à battre ; O, grange divisée en deux parties pour deux sortes de grains ; P, place pour chariots, charrettes, charrues, etc.; Q, latrines ; R, R, pompes à engrais liquide. — Dans le plan souterrain *a*, placé sous la chambre D, est la laiterie ; *b*, placé sous E est une cave qui communique par une porte avec la cave à pommes de terre *c*, placée sous l'appentis ; *d* et *e* sont les deux caves à engrais liquide, placées l'une sous l'écurie et sous une portion de l'étable et sous les latrines ; les rigoles permettent de faire couler les purins à volonté dans l'une ou dans l'autre, de sorte que l'on peut laisser l'urine se putréfier (quelques mois) dans l'une des caves pendant que l'autre se remplit.

OUVRAGES SUR L'AGRICULTURE FLAMANDE

L'Agriculture pratique des Flandres, par M. Van Aelbroeck. Cet ouvrage fut publié en langue flamande en 1823, traduit en français vers 1830, par M. Vallez, et publié par la librairie de Mme Huzard. L'édition française est épuisée (in-8°).

Mémoire sur l'agriculture de la Flandre française, etc., par J. Cordier ; 1823. — Ouvrage très-intéressant, accompagné d'un atlas de 21 planches d'une belle exécution, représentant les divers instruments de l'agriculture flamande en France. Chez F. Didot, in-8° (1823).

Agriculture du département du Nord, par un inspecteur général d'agriculture. Ce volume, publié par l'ordre de Son Exc. le ministre de l'agriculture, renferme les renseignements les plus détaillés sur l'agriculture de la Flandre française (imprimerie impériale, in-8°, 1843).

Description de la race bovine flamande, par M. Lefour, inspecteur général de l'agriculture. L'élevage des animaux de l'espèce bovine et la manutention de leurs produits sont traités avec de grands détails dans cet ouvrage, enrichi de magnifiques gravures. Il complète le précédent (imprimerie impériale, grand in-4°, 1857).

Histoire de l'agriculture flamande en France, par M. L. de Baecker, petit in-8° (1858).

M. T.-G. Van den Bosch, dans l'article qu'il a publié dans la *Cyclopedia of Morton*, en 1853, a dû souvent s'inspirer de l'ouvrage flamand de M. Van Aelbroeck, qui sera toujours consulté avec fruit par ceux qui voudront s'instruire à fond de l'agriculture flamande.

TABLE DES MATIÈRES

PARIS. — IMPRIMERIE CENTRALE DES CHEMINS DE FER DE NAPOLÉON CHAIX ET Cᵉ, RUE BERGÈRE 20 — 8558

EXTRAIT DU CATALOGUE GÉNÉRAL

DE LA

NOUVELLE LIBRAIRIE

AGRICOLE ET HORTICOLE

J. LOUVIER

25, Quai des Grands-Augustins, Paris.

DIVISION DU CATALOGUE.

1. Journaux agricoles et horticoles.
2. Agriculture en général, encyclopédies et dictionnaires agricoles.
3. Economie rurale et comptabilité.
4. Cultures granifères, fourragères, industrielles, etc.
5. Prairies naturelles et artificielles.
6. Horticulture et arboriculture.
7. Viticulture, vignes et vins.
8. Silviculture, bois et forêts.
9. Animaux domestiques et médecine vétérinaire.
10. Abeilles.
11. Sériciculture, mûriers et vers à soie.
12. Pisciculture, étangs, pêche, ect.
13. Mécanique agricole, machines et instruments.
14. Architecture, constructions rurales, chemins et clôtures.
15. Drainage et assainissements.
16. Irrigations.
17. Chimie et physique agricoles.
18. Sols, amendements et engrais.
19. Botanique.
20. Féculeries, distilleries, sucreries, meûneries, etc.
21. Economie domestique et cuisine.
22. Livres anciens dont la librairie ne possède qu'un exemplaire.

Tous les ouvrages composant le présent catalogue sont expédiés franco, sans augmentation des prix marqués, *sur demande affranchie. Les demandeurs sont priés de joindre à leur commande un bon de poste ou des timbres-poste à 20 centimes pour la valeur des ouvrages demandés.*

Il est fait une remise de 10 p. 0/0 sur les commandes au-dessus de 50 fr. Le catalogue ne contient que les ouvrages les plus usuels, mais la Nouvelle Librairie agricole *se charge de fournir, aux conditions stipulées ci-dessus, tous les ouvrages qui lui seront demandés.*

I — JOURNAUX AGRICOLES ET HORTICOLES

JOURNAL D'AGRICULTURE PROGRESSIVE. Indicateur général des progrès agricoles, publié sous la direction de M. Ed. VIANNE, ingénieur agricole, et directeur de la Ferme modèle de la Vacherie, et de M. J. GRANDVOINNET, professeur de génie rural à l'Ecole impériale de Grignon, avec la collaboration d'un grand nombre d'agriculteurs.

Il paraît trois fois par mois un numéro contenant des articles pratiques sur la culture, les constructions rurales, le drainage, les irrigations, les engrais et amendements, la chimie agricole, l'économie rurale et forestière, l'éducation des animaux, etc ;

Une chronique, relatant les principaux faits agricoles, publications françaises et étrangères, les actes officiels, etc.;

L'indication des principaux travaux agricoles et horticoles qui doivent être exécutés dans le mois qui suit l'apparition du numéro ; — une correspondance répondant à toutes les demandes ou observations d'intérêt général.

Chaque numéro est terminé par une revue commerciale et contient, outre des figures placées dans le texte, des planches gravées sur acier.

Malgré le haut prix de la gravure sur acier, les directeurs du journal n'ont pas reculé devant cette amélioration, les dessins sur acier, exacts et levés à l'échelle, pouvant seuls servir de plans d'exécution.

Le Journal forme par an deux beaux et forts volumes, ornés d'un grand nombre de planches gravées.

Prix de l'abonnement. . . . . **15** fr.

L'Apiculteur, journal des cultivateurs d'abeilles, marchands de miel et de cire, par H. HAMET, professeur d'apiculture au Luxembourg.

Prix de l'abonnement : Par an. . . . . . . **6** fr.

Annales de l'Agriculture, *des colonies et des régions tropicales,* publiées sous la direction de M. Paul MADINIER. Paraissant le 1er de chaque mois, à partir du 1er janvier 1860, en une brochure de 64 pages.

Prix de l'abonnement annuel pour la France et l'Algérie. . . . . **18** fr.

II — AGRICULTURE EN GÉNÉRAL, ENCYCLOPÉDIES ET DICTIONNAIRES AGRICOLES

Agriculteur commençant (Manuel de l'), par SCHWERZ, traduit par VR.-LEROY. 4e éd. 1 vol. de 332 pages in-12 . . . 1 75

Agriculteur praticien (l'), par Victor REY. 1851. In-12, avec fig. dans le texte. . . 2 »

Agriculture au coin du feu, par Victor BORIE. 1 vol. in-12 de 290 pages. . . 3 »

Agriculture (Cours d') par DE GASPARIN, membre de l'Académie des sciences, ancien ministre de l'agriculture. 5 vol. in-8° et 233 gravures. 37 50

C'est un Traité complet d'agriculture au point de vue théorique et pratique. Le cultivateur y trouve classée dans un ordre méthodique la solution de tous les problèmes agricoles. Amendements, engrais, instruments, cultures, analyse chimique des plantes, des sols et des engrais, économie rurale, toutes les questions sont traitées avec autorité par l'illustre écrivain. 233 gravures accompagnent le texte et ajoutent aux descriptions une démonstration matérielle.

Agriculture (Cours d') et chaulages de la Mayenne, par JAMET, président du comice de Craon, ancien représentant. 440 pages, in-12. . . . . 3 »

Agriculture (Éléments d'), par BODIN, directeur de l'école d'agriculture de Rennes. 3e édition. 1 vol in-12 de 324 pages. . . 1 75

Agriculture (Manuel populaire d') à l'usage des cultivateurs d'Argentan, par DE VIGNERAL. 92 pages in-8°. 1 25

Agriculture pratique (Manuel d') des tropiques, par S.-V. VIGNERON JOUSSELANDIÈRE, ancien propriétaire au Brésil. 1860. 1 vol. in-8°. 340 pages. Fig. . . 5 »

Agriculture, d'économie rurale et publique (Mélanges d'), par GIRARDIN, professeur de chimie à Rouen. 2 vol. in-12. . . . . 10 »

Agriculture du Centre. Moyen de supprimer la jachère et de créer rapidement des fourrages. par CANCALON. In-8° . . . 2 50

Agriculture élémentaire (Essai d'), par A. VITARD. 1 vol. in-12. . . . . . » 45

Agriculture de la Flandre française et économie rurale, par J. CORDIER. 1 vol. grand in-8° de 550 pages, et atlas in-fol. de 20 planches, donnant les détails de construction de tous les outils, charrues, instruments, herses, chariots, cave aux engrais liquides, voitures pour leur transport, etc., employés dans cette contrée; fig. noires et coloriées. . . . . 12 »

Agriculture anglaise. Situation économique et agricole, modes de culture des comtés de l'Angleterre, par les commissaires du *Times*, traduit de l'anglais de CAIRD, par BANCELIN-DUTERTRE. 1853, in-8°, avec carte. 6

Agriculture du royaume lombardo-vénitien, contenant l'agriculture proprement dite, la culture de la vigne, des oliviers, des châtaigniers, des orangers et autres arbres à fruit, la production de la soie, la culture et récolte des prairies, etc., par BURGER, traduit de l'allemand par M. Victor RENDU, inspecteur général de l'agriculture. In-8°, fig., 1842. . . . . 5 »

Agriculture de l'ouest de la France, étudiée plus spécialement dans le département de Maine-et-Loire, par M. O. Leclerc-Thouin, professeur au Conservatoire national des arts et métiers, secrétaire perpétuel de la Société nationale et centrale d'agriculture, etc. 1 vol. grand in-8°, orné de 135 gravures intercalées dans le texte, et d'une jolie carte du département. 1844. . . . . . . 12 »

Agriculture du Gatinais, de la Sologne et du Berry, et des moyens de l'améliorer, par M. A. Puvis. 1833, in-8°. 2 50

Agriculture de la Sologne, par Ch. Joubert et Isaac Chevalier, cultivateurs. 1 vol. in-8° de 300 pages. . . . . 4 »

Agriculture pratique (Éléments d'), ou traité de la connaissance des terres, des engrais et de leur application, des instruments aratoires et des machines, des assolements, du labourage, de la culture des céréales, des plantes sarclées, textiles, oléagineuses et tinctoriales, des prairies naturelles et artificielles; suivis de notions très-étendues sur les fourrages, l'élève des animaux domestiques, la stabulation; le tout terminé par un calendrier des travaux à faire chaque mois dans une exploitation rurale, par David Low, professeur d'agriculture à l'université d'Edimbourg; traduit par M. Lainé, consul à Liverpool. 2 vol in-8°, avec 205 figures intercalées dans le texte. 1838. . 12 »

Agriculture (Cours théorique et pratique d'), dédié aux écoles normales, maîtres de pension, instituteurs et cultivateurs, par M. G. de Fournier, agriculteur. 1 vol. in-12 . . . . 1 »

Agriculture et d'hygiène vétérinaire générale (Traité pratique d'), par Magne, professeur à l'École vétérinaire d'Alfort, 3e édition augmentée et refondue. 3 vol. grand in-18, avec des figures intercalées dans le texte. 1859. . 12 »

Agriculture française (l'). Principes d'agriculture appliqués aux diverses parties de la France, par Louis Gossin, cultivateur et professeur à l'Institut agricole de Beauvais. Nouvelle édition. 1859. 2 vol. in-12, ornés de figures dans le texte et d'une carte agricole de la France. . . . . 10 »

Le Même. Ouvrage orné d'une carte agricole de la France, de 225 planches dessinées par Isidore Bonheur, Rouyer, Milhau, Mlle Rosa Bonheur, et gravées par Adrien Lavieille et Leblanc. 1 fort vol. grand in-4° à deux colonnes. . . . 60 »

Agriculture pratique (Préceptes d'), par Schwerz, directeur de l'institution royale d'expériences et d'instruction agricoles de Hohenheim, traduit de l'allemand par P. R. de Schauenburg, député, cultivateur à Geudertheim. 4 vol. in-8°. . . . . 19 »

Première partie.—**Connaissance des terres** en agriculture, de la température et de ses effets, des amendements, des engrais, préparation des fumiers, leur valeur comparative et leur application. 1839. . . . . 5 »

Deuxième partie.— Culture des **Plantes à grains farineux**, ou céréales et plantes à cosses; assolements, labours, quantité de semence, récolte et son rendement; de la paille, son rapport avec le grain, ses propriétés comme fourrage pour la nourriture des animaux. 1840 . . . . 6 »

Troisième partie.— Culture des **Plantes fourragères**, leur récolte, leur conservation et leurs différents emplois économiques dans l'alimentation des chevaux et du bétail. 1841. . . . . . . 5 »

Quatrième partie.— Culture des **Plantes économiques, oléagineuses, textiles et tinctoriales**, traduit par M. Laverrière. 1847. 1 vol. in-8°, fig. 3 50

Agriculture pratique (Livre d'), contenant tout ce qu'il est utile de savoir sur l'agriculture, l'horticulture, l'arboriculture, par J.-J. Duprat. 1859. In-12, de 448 pages 2 20

Agronomie (Principes de l'), par de Gasparin, de l'Académie des sciences, ancien ministre. 1 vol. in-8° de 284 p.. 3 75

Aide-mémoire. (Voir *Cultivateur.*)

Almanach du Cultivateur (1860), par les Rédacteurs de la *Maison Rustique*. 14e année. 192 pages in-18 et 54 gravures. . . . . » 50

Bibliothèque du Cultivateur, publiée avec le concours du ministre de l'agriculture. 19 volumes in-12 à 1 fr. 25 c. le volume, savoir :

Travaux des champs, par Victor Borie, 224 pages et 150 gravures. 1 25

Fermage (estimation, plan d'amélioration, baux), par de Gasparin, membre de l'Institut, ancien ministre de l'agriculture. 3e édition, 384 pages. 1 25

Métayage (contrat, effets, améliorations), par de Gasparin. 2e édition, 166 pag. 1 25

Engrais et amendements, par Fouquet. 2e édition, 274 pages. 1 25

Fumiers de ferme et composts, par Fouquet. 2e édition, 270 pag. et 19 grav. 1 25

Noir animal (le). Analyse, emploi, vente, par Bobierre. 156 pag. et 7 gravur.. 1 25

Prairies, par de Moor. 240 pages et 67 gravures. 1 25

Plantes racines, par Ledocte. 1 vol. de 230 pages et 24 gravures. 1 25

Houblon, par Erath, traduit par Nickles. 136 pages et 22 gravures. 1 25

Races bovines, par Dampierre. 2e édit., avec gravures. 1 25

Bêtes bovines (Eleveur de), par Villeroy. 4e édition, avec 60 gravures. . . 1 25

Vaches laitières (Choix des), par Magne. 144 pages et 30 gravures. 1 25

Cheval (Choix du), par Magne. 150 pag. et 5 planches. 1 25

Médecine vétérinaire, par Verheyen, 2e édition. 2 vol. de 250 pages. . . . 2 50

Basse-cour, pigeons et lapins, par Mme Millet-Robinet. 4e édition. 180 pages et 31 gravures. 1 25

Economie domestique, par Mme Millet-Robinet. 232 pages et 24 gravures. . 1 25

Conservation des Fruits, par Mme Millet-Robinet. 180 pages. 1 25

Jardin du Cultivateur, par Naudin. 187 pages et 34 gravures. 1 25

Biens-fonds (Manuel de l'estimateur de), par Noirot. 1 vol. in-12 de 360 pag. 3 50

Bon Fermier (le), Aide-mémoire du Cultivateur, par Barral. 1 vol. in-12 de 1168 pages et 231 gravures. . . . . . . 7 »
« Ouvrage contenant : le calendrier détaillé, — le tableau des foires de chaque département, des tables usuelles pour la détermination du poids du bétail et pour les principaux besoins de l'agriculture,— les travaux agricoles de chaque mois pour toutes les parties de la France, — les distilleries,— féculeries, —brasseries et autres industries annexées aux exploitations rurales, — la mécanique agricole complète, avec descriptions et gravures des meilleurs instruments aratoires, machines, etc. »

Carte agricole de la France, comprenant la nouvelle division de la France en douze régions, les dates des concours régionaux depuis leur fondation, et les noms des villes où ils ont eu lieu;—les noms des inspecteurs généraux de l'agriculture, les marchés régulateurs pour le prix des céréales; — le tracé des chemins de fer en exploitation, en exécution ou concédés, etc., coloriée. . . . . . . » 50

Catéchisme du Cultivateur, par M. Royer, professeur à Grignon. Ouvrage couronné par la Société centrale d'agriculture. 1839. In-12. . . . . 1 25

Centre de la France. (Voir *Agriculture.*)

Cultivateur du Bas-Armagnac (le). Manuel d'agriculture élémentaire et pratique pour le Sud-Ouest, par Lacome. 1 vol. in-12 de 322 pages. . . . . 2 »

Cultivateur (Manuel aide-mémoire du), par Lefour, inspecteur de l'agriculture. 1860. 1 vol. in-12 de 368 pages et 245 figures dans le texte. 3 50

Culture et la vie des Champs (la), par J. Bodin, in-12 de 127 pages. . . . 1 »

Défrichement (Manuel théorique et pratique du), par Breton. 1 vol. in-8° de 400 pages. . . . . 4 »

Dictionnaire raisonné d'agriculture et d'économie du bétail, suivant les principes des sciences naturelles appliquées. 2 vol. in-8°. . . . . 18 »

Encyclopédie de l'Agriculture, sous la direction de MM. Moll, professeur d'agriculture au Conservatoire des arts et métiers, et Eugène Gayot, ancien directeur de l'administration des haras.
L'Encyclopédie de l'Agriculture paraît par volume in-8° de 450 à 500 pages, et de nombreuses gravures sur bois intercalées dans le texte. Prix de chaque vol. 7 »

Euphorimétrie (Lettres sur l'), ou l'art de mesurer la fertilité de la terre, indiquant le choix des meilleurs assolements avec leurs produits et leur action sur le sol, par Varembey. 1843. 1 vol. in-8°. 4 »

Flandre française. (Voir *Agriculture.*)

Gatinais (Voir *Agriculture*).

Grammaire agricole ou Cours élémentaire d'agriculture professé à l'école communale de Voreppe (Isère), par Adolphe Durand-Lainé. 1 vol. in-18 de 432 pages 2 50

Guide des Cultivateurs (le véritable). Vie agricole de Jacques Gouyer, par Dezeimeris, ancien député. 248 pages in-12. 2e édition. 1 75

Guide pour la **profession d'agriculteur,** ou principes généraux et fondamentaux d'agriculture, par A. Taher, traduit par Sarrazin. 1842. in-12. . . . 2 50

Lettres sur l'agriculture, par Victor de Tracy. 1857. gr. in-18 . . . . 2 50

Maison rustique des Dames. (Voir *Economie domestique.*)

Maison rustique du XIXe siècle. 5 vol. in-8°, 2,500 gravures. 39 50

Manuel aide-mémoire. (Voir *Cultivateur.*)

Mémoires de Cincinnatus Fenouillet, *à la poursuite du progrès agricole*, par de Travanet. In-12 de 344 pages . . . . 3 »

Ouest de la France. (Voir *Agriculture.*)

Questionnaire (Petit) **agricole** pour les écoles primaires, par J. Bodin. 1859. in-18 de 203 pages. . . . . » 60

Sologne. (Voir *Agriculture.*)

Théâtre (le) **d'agriculture et de mesnage des champs,** d'Olivier de Serres, seigneur du Pradel, dans lequel est représenté tout ce qui est requis et nécessaire pour bien dresser, gouverner, enrichir, embellir la maison rustique; contenant l'art de bien employer et cultiver la terre dans toutes ses parties, ses diverses qualités et climats, d'augmenter son revenu. Nouvelle édition conforme au texte ancien, augmentée de notes et d'un vocabulaire, publiée par la Société d'agriculture de la Seine. 2 gros vol. in-4°. Fig. . . . . . 25 »

Travaux des champs. (Voir *Bibliothèque du Cultivateur.*)

Voyage agricole en Belgique et dans plusieurs départements de la France, par M. Conrad de Courcy. 1849. 1 vol. in-8° 3 50

— **Voyage** (Second) **agricole** en **Belgique,** en **Hollande** et dans plusieurs départements de la France, par M. Conrad de Courcy. 1850. in-8° . . 5 »

— **Notes** extraites d'un **Voyage agricole** dans l'ouest, le sud-ouest, le midi et le centre de la France, par M. Conrad de Courcy. 1851. in-8°. 1 50

— **Promenades agricoles** dans le centre de la France. 1853, in-8° 1 50

— **Voyage agricole en France,** en **Allemagne, Hongrie, Bohême** et **Belgique.** 1853. in-12. . . . . 3 50

— **Notes agricoles** extraites de divers journaux anglais. 1853. in-8°. 1 50

— **Itinéraire en Angleterre**. 1854. in-8°. . . . . 1 »

— **Troisième voyage agricole** en **Angleterre** et en **Ecosse**. 1855. in-8°. 5 »

— **Voyage agricole dans l'intérieur de la France**. 1855. in-8°. . 3 50

III — ÉCONOMIE RURALE ET COMPTABILITÉ

Acclimatement et colonisation, Algérie et Colonies, par THIBAUT. 1859. 1 vol. in-12 . . . . 2 »

Agriculture et Population, par L. DE LAVERGNE, membre de l'Institut. 1 vol. in-18 de 412 pages. 3 50

Blé (Dix-huit millions d'hectolitres de) pour rien, simples conseils aux agriculteurs français, par JACQUIN aîné. In-8°, 44 pages. . . . . » 50

Colonies agricoles (Études sur les), mendiants, jeunes détenus, orphelins et enfants trouvés de Hollande, Suisse, Belgique, France, par DE LURIEU et ROMAN, inspecteurs généraux des établissements de bienfaisance. 1 vol. in-8° de 402 pag. 7 50

Comices (Guide des) **et des Propriétaires**, par JACQUES BUJAULT, laboureur à Chalonne. 1 vol. in-12. . . . . . » 25

Comptabilité agricole en partie double, par Ed. DE GRANGES, 2e édit. 1 vol. in-8° de 312 pages et tableaux . . 5 »

Comptabilité agricole (Petit Traité de) **en partie simple**, par Edmond DE GRANGES, 2e édition. 1 vol. in-8° de 124 pages . . . . 3 »

Comptabilité (Traité de) **rurale**, à l'usage de tous les cultivateurs, propriétaires, fermiers, régisseurs, maîtres de poste aux chevaux, etc., par M. ROYER, cultivateur, professeur d'économie rurale à Grignon 1840. in-8°. 4 50

Conseils aux agriculteurs sur l'art d'exploiter le sol avec profit, par DEIZEIMERIS, ancien député. 3e édition. 1 vol. in-12 de 654 pages. 3 50

Cultivateur améliorateur (Guide du) par E. LECOUTEUX, ancien directeur des cultures de l'Institut agronomique. 1 vol. in-8° . . . . 4 »

Culture améliorante (Traité des entreprises) de par E. LECOUTEUX. 2 vol. in-8° (le tome 1 est seul en vente). . . . . . 15 »

Défrichement (du) **des terres improductives**, par M. PIERRE VIGNAU. 1859. in-8° 82 pages. . . . . 1 »

Droit rural (Traité complet de) appliqué ou **Guide théorique et pratique** des propriétaires, fermiers, juges de paix, maires, élèves des écoles d'agriculture, vétérinaires experts, présentant le dernier état de la législation, de la doctrine et jurisprudence sur les droits et les obligations du propriétaire de fonds ruraux, l'exploitation et le louage de ces fonds, les chemins, les cours d'eau, les produits agricoles, la garantie en matière de vente d'animaux domestiques, les attributions des juges de paix, la police rurale, etc., par A. BOURGUIGNAT, avocat au conseil d'Etat et à la Cour de cassation. 1852. in-8°. . . . . 7 »

Droit rural (Dialogue sur le), par VALSERRES. 1 vol. in-12. . . . . » 60

Économie rurale (Essai sur l') de l'Angleterre, de l'Ecosse et de l'Irlande, par Léonce DE LAVERGNE. 3e édition. 1 vol. in-12 . . . . 3 50

Economie rurale, considérée dans ses rapports avec la chimie, la physique et la météorologie, par BOUSSINGAULT, membre de l'Académie des sciences. 2 vol. in-8° de 800 pages chacun. . . . . 15 »

Economie rurale (Cours d') professé à l'Institut agricole de Hohenheim, par M. GOERITZ, traduit sur manuscrit allemand et annoté par M. J. RIEFFEL, directeur de l'établissement agricole de Grand-Jouan. 1850. 2 vol. in-8°, fig. . . 12 »

On trouvera dans cet ouvrage tous les principes auxquels est due la prospérité si renommée des exploitations agricoles modèles de l'Allemagne, et dont M. Rieffel a fait la judicieuse application à nos contrées.

Fermage. (Voir *Bibliothèque du Cultivateur*.)

Gardes champêtres communaux et particuliers (Guide et formulaire des), par M. T. LARADE, chef de bureau de sous-préfecture. 9e édition. 1858. in-18. . . . . 3 »

Jurisprudence rurale, ou Code de compétence, *Vade mecum* du maire, du propriétaire, du cultivateur, de l'usinier et de l'entrepreneur, par A. VITARD. In-8°, 96 pages. 1 75

Métayage. (Voir *Bibliothèque du Cultivateur.*)

Missionnaires du Progrès agricole, par A. SANSON, ex-chef des travaux chimiques et agronomiques de l'Ecole impériale vétérinaire de Toulouse, directeur de *la Culture*, Echo des comices. 1 vol. in-12, 368 pages 3 50

Organisation agricole (Système pratique d'), par M. D. ROBIN-MORHÉRY, docteur médecin. 1859. In-8°, 32 pages . . » 50

Police rurale (Manuel de). Ouvrage utile aux fonctionnaires et propriétaires, par THIROUX. 1 vol. in-18 de 456 pages. 2 »

Sol (du Morcellement du), par TISSOT. in-8° de 90 pages. 1 50

IV — CULTURES GRANIFÈRES, FOURRAGÈRES, INDUSTRIELLES, ETC.

Betteraves. Nouvelle manière de les cultiver et de les récolter, par MIDY, ingénieur civil. In-8° de 48 pages. . . . . . » 50

Bonnes graines (l'Art de produire les), par P. JOIGNEAUX, cultivateur. 1 vol. in-18 de 160 pages et 57 figures . . . . 2 »

Canne à sucre de la Chine. (Voir *Distillation.*)

Houblon. (Voir *Bibliothèque du Cultivateur.*)

Lin (Traité de la culture du) et des différents modes de rouissage, par DE MOOR. 1 vol. in-12 de 136 pages et 14 gravures. 1 25

Lin (Divers moyens de développer la culture du) en France, par Ch. GOMART. In-8° de 24 pages et 3 gravures. . . . . » 50

Plantes économiques, oléagineuses, textiles et tinctoriales. (Voir *Agriculture.*)

Plantes à grains farineux. (Voir *Agriculture.*)

Plantes fourragères. (Voir *Agriculture.*)

Plantes fourragères, par M. HEUZÉ, professeur à l'École impériale de Grignon. 1 vol. in-8° avec 20 planches coloriées. . 9 »

Plantes industrielles, par le même.

Première partie. — Plantes industrielles, oléagineuses, tinctoriales, condimentaires, salifères, à cannes, à cardes et d'ornement funéraire. 1 vol. in-8° avec 10 planches coloriées 7 50

Deuxième partie. — Plantes textiles ou filamenteuses, à alcool et à sucre, aromatiques et à parfums, et plantes médicinales. 1 vol. in-8°, avec des vignettes dans le texte et 10 planches coloriées. Prix, broché. 7 50

Plantes racines. Voir *Bibliothèque du cultivateur.*)

Pratique agricole des Flandres, traduit de T. G. J. VANDEN BOSCH et annoté (sols et engrais, soins au bétail, façons culturales et instruments; cultures granifères et industrielles, prairies et pâturages; constructions rurales, organisation des fermes, assolement et prix des travaux.), in-8°, avec huit planches sur cuivre.

Sorgho sucré (Culture du) comme plante industrielle et comme plante fourragère, par H. LEPLAY. 36 pages in-8°.. 1 »

Sorgho. (Voir *Distillation.*)

Tabac (Culture du), par PETIT-LAFFITTE. 85 pages in-12 . . . . 2 »

Tabac (du) Culture, récolte, frais, produits, modes de dessiccation, séchoirs, conservation, etc., par V. G. DE MOOR. 1 vol. in-12, avec figures. . . . . . . 2 »

V — PRAIRIES NATURELLES ET ARTIFICIELLES

Prairies artificielles (Essai sur les). Luzerne, trèfle ordinaire, trèfle printanier, et sainfoin ou esparcette, par MACHARD. In-18. . . . . 1 »

Prairies artificielles (Traité des), ou recherches sur les espèces de plantes qu'on peut cultiver avec le plus d'avantages en prairies artificielles, sur la culture qui leur convient le mieux, par GILBERT. 6e édition augmentée de notes par YVART, et précédée d'une notice historique sur **Gilbert**, par M. CUVIER. 1826. In-8°. . . . . 5 »

Prairies naturelles et artificielles (Traité des), ou flore fourragère, contenant la culture, la description et l'histoire de tous les végétaux propres à fournir des fourrages, et diverses méthodes d'irrigation et de nivellement, avec 48 magnifiques gravures représentant toutes les graminées, par M. BOITARD. In-8°, figures noires. . . . . 10 »
Figures coloriées. . . . . 15 »

Prairies. (Voir *Bibliothèque du Cultivateur.*)

VI — HORTICULTURE ET ARBORICULTURE

Almanach du Jardinier (1859), par les rédacteurs de la *Maison Rustique*. 16e année. 192 pages et 74 gravures. . » 50

Arboriculture (Cours élémentaire théorique et pratique), contenant l'étude des pépinières d'arbres et d'arbrisseaux forestiers, fruitiers et d'ornements, par M. DUBREUIL. 4e édit., 2 vol. in-12, avec figures dans le texte. . . . . 12 »

Arbres fruitiers (Instructions élémentaires sur la conduite des) par DUBREUIL. 1 vol. in-18. Fig. 2 50

Arbres fruitiers (Taille et greffe des), par HARDY, jardinier en chef du jardin du Luxembourg. 4e édit. 1 vol. in-8° et 122 grav. 5 50

Arbres fruitiers (Conduite et taille des), par CROUX. 1 vol. in-8° de 136 pag. et 5 planches. 3 50

Arbres fruitiers et Vigne (Pratique raisonnée de la taille des), par COSSONNET, 1 vol. in-8° de 104 pages et 21 planches. 5 »

Asperge. (Voir *Bibliothèque du Jardinier.*)

Auricule. (Voir *Bibliothèque du Jardinier.*)

Balsamine. (Voir *Bibliothèque du Jardinier.*)

Bibliothèque du Jardinier, publiée avec le concours du ministre de l'agriculture.

Douze volumes sont en vente à 1 fr. 25 c. le vol. in-12, savoir :

Jardins (Tracé et ornementation des), par **Bona**. 172 pages et 104 grav. 1 25

Arbres fruitiers (Taille et mise à fruit), par **Puvis**. 2e édition. 220 pages . . . 1 25

Greffe, par **Noisette**. 2e édition, 270 pag. et 6 planches 1 25

Pépinières, par **Carrière**. 148 pages et 16 gravures 1 25

Asperges. Culture, par **Loisel**. 2e édit., 108 pages et 8 gravures. 1 25

Melon. Culture, par **Loisel**. 4e édition, 108 pages et 7 gravures 1 25

Plantes bulbeuses et oignons à fleurs, par **Lemaire**, 400 pages 1 25

Dahlia, par **Pépin**. 2e édition, 156 pages et 36 gravures 1 25

Œillet. Culture, par **de Ponsort**. 200 p. et planches. 1 25

Pelargonium, par **Thibault**, 108 pages et 10 gravures. 1 25

Rosier — Violette — Pensées — Primevère — Auricule — Balsamine — Pétunia — Pivoine, par **Marx-Lepelletier**. 108 pages 1 25

Chimie et Physique horticoles, par **Dehérain**. 120 pages et 11 gravures . . 1 25

Bon Jardinier (le) pour 1860, contenant les principes généraux de culture : l'indication, mois par mois, des travaux à faire dans les jardins; la description, l'histoire et la culture des plantes potagères, fourragères, économiques ou employées dans les arts; des céréales; arbres fruitiers; oignons et plantes à fleurs; arbres, arbrisseaux et arbustes utiles ou d'agrément; un Vocabulaire des termes de jardinage et de botanique; un jardin des plantes médicinales; tableau des végétaux, groupés d'après la place qu'ils doivent occuper dans les parterres, bosquets, etc.; par **Poiteau, Vilmorin, Decaisne, Neumann, Pépin**. 1 vol. in-12 de 1,650 pages. . . . . 7 »

Bon Jardinier (Figures de l'Almanach du), contenant : 1o Principes de botanique; 2o Principes de jardinage, manière de marcotter, greffer, disposer et former les arbres fruitiers; 3o Construction et chauffage des serres; 4o Composition et ornement des jardins; 5o Hydroplasie; 6o Instruments et outils de jardinage, par **Decaisne**, membre de l'Institut, professeur de culture au Jardin des plantes de Paris. 19e édition. 1 vol. in-12 de 244 pag., 632 gravures et 44 planches . . . . . . 7 »

Bonnes Poires (les), leur description abrégée et la manière de les cultiver, par **Charles Bultet**. in-8o, 52 pages. . . . » 75

Boutures (Art de faire les), par **Neumann**, chef des serres au Muséum. 3e édition. 1 vol. in-12 de 140 pages et 31 gravures. 2 »

Catalogue raisonné des arbres fruitiers, arbustes et rosiers cultivés chez **Jamin** et **Durand**, précédé d'instructions sur la plantation, etc. In-4o 1 50

Cactées. *Culture*. Synonymie, classification et table alphabétique des espèces et variétés, par **Labouret**. 1 vol. in-12 de 732 pages 7 50

Ouvrage couronné par la Société impériale d'horticulture.

Champignons comestibles (Traité des), par **J. Lavalle**. 1 vol. in-8o de 146 pages et 12 planches coloriées. . . . 7 »

Champignons comestibles et vénéneux (Traité élémentaire des), par **Dupuis**. 1 vol in-18. Fig. coloriées. . . 1 75

Culture maraîchère (Manuel pratique de la) de Paris, contenant l'histoire de cette culture, sa statistique, l'exposé, mois par mois, des travaux à exécuter et des produits à récolter, et tout ce qui concerne la culture des primeurs, dite *culture forcée*, pour les divers légumes, salades, melons, fraises, champignons, etc., par MM. **Moreau** et **Daverne**, jardiniers maraîchers. 2e édition. 1854. 1 vol. in-8o 5 »

Culture maraîchère (Manuel pratique de), par **Courtois-Gérard**. 3e édition. 1 vol. in-12 de 366 pages. 3 50

Dahlia, par **Pépin**. (Voir *Bibliothèque du Jardinier*.)

Igname de Chine (l'), histoire, description, culture, analyse, conservation et usage, par **Jules Vincard**, surveillant des plantations du chemin de fer de l'Est. in-32, 36 pages . . . . » 50

Jardinage (Manuel pratique de), par **Courtois-Gérard**. 5e édit. 1 vol. in-12 de 420 pages. 3 50

Jardinage pour tous (Traité de), par **Boncenne**. 2e édition. 1 vol. in-12 de 420 pages 2 50

Jardinier des fenêtres (le), **des appartements et des petits Jardins**, par Mme **Millet-Robinet**. 4e édition. 1 vol. in-12 de 216 pages et 52 gravures. 1 75

Jardinier multiplicateur (Guide du), par **Carrière**, 1 vol. in-12 de 276 pages. 3 50

Jardins (Tracé et ornementation des). (Voir *Bibliothèque du Jardinier*.)

Jardins (Traité de la composition et de l'ornement des). 5e édition. 2 vol. in-4o oblong avec 161 planches gravées . . . . 25 »

Lis (Histoire et culture du), par **Thierry**. 180 pages in-12 . . . . 1 50

Melon (Monographie du), contenant sa culture, sa description, ses variétés, par **Jacquin** aîné. 1832, grand in-8o, figures noires 7 50
— Figures coloriées . . . . 15 »

Melons (Guide du cultivateur de), par **du Puits de Maconex**. 2e édition, augmentée. 1853 . . . . 1 50

Melon (Voir *Bibliothèque du Jardinier*.)

Œillet (Monographie et culture). (Voir *Bibliothèque du Jardinier*.)

Œillet (Appendice et classification), par **de Ponsort**. In-12 de 36 pages, avec 40 figures coloriées. 1 25

Orchidées (Culture des). Instructions sur leur récolte, expédition et mise en végétation, et liste descriptive de 550 espèces et variétés, par **Morel**, vice-président de la Société impériale d'horticulture. 1 vol. 5

Parcs et Jardins. Prix de règlement ou tarif des travaux de jardinage, de plantation, d'exploitation des forêts, par LECOQ, architecte de parcs et jardins, inspecteur des plantations de la ville de Paris. in-8° de 40 pages . . . . 3 »

Pêcher (Pratique raisonnée de la taille du), en espalier carré, par AL. LEPÈRE. 4e édition. 134 pages in-8° et 7 planches. 4 »

Pêchers en espaliers (Conduite et taille des), par LACHAUME. 1 vol. in-18 de 212 pages et 40 gravures . . . . . . 2 »

Pensée. (Voir *Biblioth. du Jardinier.*)

Pensée (Culture de la), par DE PONSORT. 108 pages in-12 . . . . 1 50

Plantes, arbres et arbustes (Manuel général des). Description et culture de 25,000 plantes indigènes d'Europe ou cultivées dans les serres, par MM. HÉRINCQ et JACQUES, ex-jardiniers en chef du domaine royal de Neuilly, pour les trois premiers volumes, et DUCHARTRE pour le quatrième. 4 vol. in-8° à 2 colonnes . . 36 »

Plantes (Notice sur l'amélioration des), par le semis, et considérations sur l'hérédité dans les végétaux, par Louis VILMORIN. 1 vol. in-8° de 64 pages 1 50

Poiriers et Pommiers (Méthode élémentaire pour tailler et conduire les), par LACHAUME. 1 vol. in-18 de 285 pages et 46 gravures 2 50

Poirier (de la Taille du) et du Pommier en fuseau, suivie d'une instruction sur la taille du pêcher, par CHOPPIN. 3e édition. 1854. in-8° avec 4 planches . . . . . . 3 »

Prunier (Études sur le) et la préparation de son fruit, par M. PETIT-LAFITTE. 1848. in-8°. Figures . . . . 2 »

Reine-Marguerite et ses variétés, par BOSSIN. In-12 . . . . » 50

Semis des fleurs (Instructions pour les) de pleine terre, la formation et l'entretien des gazons, par VILMORIN. in-16. . » 75

Serres (Art de construire et de gouverner les), par NEUMANN, chef des serres au jardin des plantes de Paris. Ouvrage accompagné de figures de toutes les serres, bâches et châssis. 2e édition, augmentée de 2 planches gravées. In-4°, 28 planch. 7 »

Serres. — L'Art de chauffer par le thermosiphon ou calorifère à eau chaude, les serres et les habitations, d'après les physiciens français et étrangers, suivi d'un article sur le calorifère à air chaud, par AUDOT, membre de plusieurs Sociétés d'horticulture. 2e édition, abrégée et mise au courant du progrès. In-4° oblong, figures . . . . 3 »

Végétaux (Fécondation et hybridation des), par H. LECOQ. 1 vol. in-12 de 287 p. 3 50

VII — VITICULTURE, VIGNES ET VINS

Ampélographie universelle. Traité des cépages les plus estimés, par le comte ODART. 4e édition. 1 vol de 500 p. in-8°. 7 50

Bière (Fabrication de la), par ROHART, ancien brasseur. 2 vol. in-8° avec 120 gravures et projet de brasserie modèle.. 15 »

Bières (Traité complet de la fabrication des) et de la distillation des grains, pommes de terre, vins, betteraves, mélasses, etc., contenant tous les principaux appareils et procédés usités dans les divers pays, suivi de l'art du vinaigrier, par G. LACAMBRE. 2 beaux vol. gr. in-8° avec planches. 1856. 2e édition. . . . . 20 »

Vin (Art de faire le), traité complet de l'influence du climat et du sol sur le raisin, de la vendange et du moment le plus favorable pour la faire; de la fermentation, de la formation de l'alcool, de la coloration, du décuvage, du gouvernement, du soufrage, du collage, de l'altération et des maladies des vins avec la manière d'y remédier; de l'acétification ou fabrication des vinaigres de vin et de substances animales et végétales; des propriétés, des vertus et de l'analyse des vins, etc., par le comte CHAPTAL, pair de France. In-8°. 3e édition revue et augmentée de la description d'appareils de vinification, par M. DE VALCOURT. 1839. Figures . . 6 »

Vigne (Traité de la culture de la) et de la vinification, contenant des préceptes généraux de culture applicables à tous les climats, la fabrication des vins rouges et blancs, des vins de liqueur naturels et artificiels, et des vins mousseux, par B.-A. LENOIR. 1 gros vol. in-8° de plus de 600 pages, figures. 7 50

Cet ouvrage et le précédent sont les plus complets qui aient été publiés sur ces matières.

Vigne. Nouveau mode de culture et d'échalassement, par COLLIGON D'ANCY. 1 vol. in-8° de 200 pages et 3 planches. 3 »

Vigne (Traité de la), contenant des méthodes plus promptes pour obtenir davantage et de plus beaux produits, par MAGOUET. 1850. In-8° . . . . 4 »

Vigne (de la) et de ses produits, par le Dr ARTHAUD, de Bordeaux. 1858. In-8°. 5 »

Vigne (Culture et taille de la), par le Dr ECORCHARD. 76 pages in-12 et 3 planch. 2 »

Vigne et grands vins de la Côte-d'Or (Histoire et statistique), par le Dr LAVALLE. 1 vol. in-4° de 244 pages avec planches, album in-folio et panorama.. . 20 »

Vigne (Maladie de la) ou cause de l'oïdium Tuckeri, par CÉLESTE DUVAL. 1859. In-8° 42 pages. 1 25

Vignobles (Topographie de tous les) connus, contenant leur position géographique, l'indication du genre et de la qualité des produits de chaque cru, les lieux où se font les chargements et le principal commerce de vin, etc., suivie d'une classification générale des vins, par M. A. JULIEN. 4e édition. 1848. In-8°. . 7 50

Viticulture et à l'Œnologie (Chimie appliquée à la). Leçons professées en 1856 par LADREY, professeur de chimie à la Faculté des sciences de Dijon. 1 vol. in-12 de 600 pages, avec cartes, planches et 200 tableaux numériques. . . . . . . 7 »

VIII — SILVICULTURE, BOIS ET FORÊTS

Arbres resineux conifères (Traité pratique des) à grandes dimensions, que l'on peut cultiver en futaies dans les climats tempérés, par M. le marquis DE CHAMBRAY. 1845. 1 vol. grand in-8°, papier satiné, avec atlas in-4°, figures noires 12 »

Figures coloriées. . . . . 25 »

Conifères (Traité général des). Description des espèces et variétés connues; synonymie, culture, multiplication, par CARRIÈRE, chef des pépinières au jardin des plantes de Paris. 1 vol. in-8° de 672 pages. . . . . 10 »

Estimateur des forêts (Manuel théorique et pratique de l'), par NOIROT-BONNET. 2e édition. 1 vol. in-8° . . . . . . 8 »

Forêts (Traité de la culture des), ou de l'application des sciences agricoles et industrielles à l'économie forestière, avec des recherches sur la valeur progressive des biens-fonds et des bois, depuis le XIIIe siècle jusqu'à nos jours ; ouvrage contenant un essai descriptif des forêts de l'Europe et des autres pays, un traité de la croissance des arbres, des diverses méthodes d'aménagement, des taillis et des futaies de choix, des essences, des éclaircies, du réglage des coupes, du nettoiement, de l'élagage, de la pratique des semis et plantations de chaque espèce, de l'aménagement et de l'exploitation, du cubage, etc., par M. NOIROT. 2e édition. 1839. In-8°. . . . . 6 »

Forestier (Nouveau Manuel). Semis et plantations, entretien et conduite des arbres, leur aménagement, leur exploitation, leurs différents emplois technologiques et économiques, etc.; ouvrage à l'usage des employés et gardes forestiers, des préposés de la marine pour la recherche des bois propres aux constructions navales, des propriétaires et marchands de bois, des arpenteurs, etc., par BURGSDORFF, grand maître des forêts de la Prusse; traduit de l'allemand par BAUDRILLART. 1810. 2 gros vol. in-8°, avec 29 gravures. . . . . 10 »

Garde Forestier (Guide pratique du) à l'usage des préposés de l'administration des forêts, gardes de particuliers et gardes de ventes, par A. BOUQUET DE LA GRYE, sous-inspecteur des forêts. 3e édition. 1859. In-12 . . . . 2 »

Osier (Traité pratique de la culture de l'), et de son usage dans la vannerie, par MOITRIER. 1855. In-8°, 4 planches . . . 2 »

Pépinières. (Voir *Bibliothèque du Jardinier*.)

Pins (Traité pratique de la culture des), de leur plantation, de leur aménagement, de leur exploitation et des divers emplois de leurs bois, augmenté d'un appendice sur les cèdres du Liban, les mélèzes et les sapins, par L. G. DELAMARRE. 3e édition, avec des notes de MM. MICHAUX et VILMORIN. 1831. In-8°. 6 »

Richesse millionnaire (Historique de la création d'une) par la **Culture des Pins**, ou application du Traité pratique de cette culture, publié, en 1826, par le même. 1827. In-8°, figures coloriées. . . . . 6 »

L'exemple de M. DELAMARRE devrait être un puissant encouragement pour tous les propriétaires de terrains vagues ou peu fertiles.

Planteur (Manuel du). Du reboisement, de sa nécessité et de ses méthodes pour l'opérer avec fruit et économie, par M. DE BAZELAIRE. 1846. In-12 . . . . 1 25

Ce petit ouvrage traite des différentes manières d'opérer les semis et plantations, des pépinières, du choix des essences, des haies, de moyens de conserver les graines forestières, etc.

Reboisement de la France (du), par JOUBERT. In-4°. 1 50

Reboisement (du) des montagnes, par GRANDVAUX. In-8° . . . . » 75

IX — ANIMAUX DOMESTIQUES ET MÉDECINE VÉTÉRINAIRE

Alimentation des chevaux (Lettre sur l') par l'avoine et l'orge comprimées, mélangées au foin haché, par CHARLIER, vétérinaire. Brochure in-8° . . . . . . » 50

Animaux domestiques (Traité des maniements ou de l'appréciation des). Des épreuves et des moyens de contention et de gouverne qu'on emploie sur eux, suivi de la coupe des animaux de boucherie en France et en Angleterre, par le docteur BARDONNET DES MARTELS. 1 beau vol. in-12, avec planches et figures dans le texte. 4 50

Animaux domestiques. Zootechnie générale, hygiène, extérieur du cheval. Élevage, entretien, utilisation du cheval, de l'âne et du mulet, par LEFOUR, inspecteur général de l'agriculture. 2 vol. in-12 de 400 pages et 146 gravures . . . 2 50

Bergers (Conseils aux) sur les soins à donner aux moutons et le traitement de leurs maladies, par M. DAUPHIN. 1850. In-12, figures. 1 50

Bergers (Instruction pour les) et les propriétaires de troupeaux, ou catéchisme des bergers, par DAUBENTON. 5e édition, augmentée d'une quinzième leçon sur les mérinos, d'une planche indiquant l'âge des bêtes à laine, et de notes, par J. B. HUZARD fils. 1822. Petit in-12. . . . . 1 50

Bétail gras (le) **et les Concours d'Animaux de boucherie**, par Eugène GAYOT. 1 vol. in-8° de 304 pages. 3 30

Bêtes à laine (Traité des). Leurs maladies avec la manière de les guérir ; leur éducation, l'étude des races, leur perfectionnement, la construction des bergeries, l'alimentation et le parcage des troupeaux; leur engraissement et leur produit, la tonte, le lavage, le triage et le commerce des laines, par E. MARTIN d'Elbeuf. 1 gros vol. in-8° . . . . 6 »

Beurre (Art de faire le) **et les meilleurs Fromages,** ou Traité complet de la laiterie, contenant la manière de préparer le lait et la crème, de faire le beurre selon les méthodes de Normandie, de Bretagne et d'Angleterre; de le saler, de le colorer et de le conserver; de fabriquer toute espèce de fromage. 1 vol. in-8° orné de 8 planches. 4 50

Chevaline (la France), par Eug. GAYOT, ancien directeur des haras :

Première partie. — **Institutions hippiques,** contenant l'histoire de l'administration des haras, étalons approuvés et autorisés, étalons départementaux, primes à la production et à l'élève; courses au trot, au galop, steeple-chase. 4 vol. in-8°. . . . . 26 »

Deuxième partie. — **Études hippologiques,** traitant de toutes les questions de science qui aboutissent à la production et à l'élève des chevaux. Étude physiologique de toutes les races du pays et de leurs transformations. 4 vol. in-8° . . . . 26 »

Cheval (Choix du). Appréciation des caractères à l'aide desquels on reconnaîtra l'aptitude des chevaux aux divers services, par MAGNE, professeur à l'École d'Alfort. 1 vol. in-12 de 150 pages et 5 pl.. 1 25

Chevaux en France (Production des) Atlas statistique pour servir à l'histoire naturelle agricole des races chevalines, par Eug. GAYOT, dessins de Lalaisse. In-folio de 29 feuilles, 31 planches, 27 cartes. . . . . 75 »

Dictionnaire usuel de Chirurgie et de Médecine vétérinaires. Manuel pratique où l'on trouve exposés avec clarté et dans un langage à la portée de tout le monde : 1° tout ce qui regarde l'histoire naturelle, la propagation, l'entretien et la conservation des animaux domestiques; 2° la description de toutes les maladies auxquelles ces animaux sont sujets: 3° les moyens de les traiter de la manière la plus efficace et la plus économique. Nouvelle édition, revue, corrigée et mise au courant de la science d'après les travaux les plus récents des professeurs et praticiens français et étrangers de l'époque. 2 forts volumes grand in-8° à 2 colonnes. 1859. . . . . 18 »

Engraissement du gros bétail et des veaux, porcs, bêtes à laine et volailles, par EVON. 1 vol. in-8° de 125 pages . . 3 »

Espèce bovine (Traité de l'). Spécialisation, perfectionnement, éducation, engraissement, travail des bœufs et des chevaux, par Emile JAMET (de Château-Gontier). 1re partie : Spécialisation et perfectionnement. 1856. In-8, 4 planches. . . . . 5 »

Espèce ovine (l') de l'Ouest et son amélioration, par A. SANSON, ex-chef des travaux chimiques et agronomiques de l'École impériale vétérinaire de Toulouse, directeur de *la Culture*, Echo des comices. 1 vol. in-12. 160 pages . . . . . 2 »

Fille de basse-cour (Manuel de la), contenant des instructions pour élever, nourrir et engraisser tous les animaux de basse-cour : poules, dindons, pintades, faisans, perdrix, cailles, paons, cygnes, oies, canards, pigeons, lapins, vaches et cochons, pour en tirer le plus grand produit, pour distinguer leurs principales races, guérir leurs maladies, etc., etc. Nouvelle édition revue et complétée par F. MALÉZIEUX. 1 vol. in-18 avec 39 planches. . . . . 3 »

Le même ouvrage, cartonné à l'anglaise. 3 50

Le même ouvrage, avec figures coloriées au pinceau. 7 50

Hygiène vétérinaire appliquée, par MAGNE, professeur à l'École vétérinaire d'Alfort. Étude de nos races d'animaux domestiques et des moyens de les améliorer, suivie des règles relatives à l'entretien, à la multiplication, à l'élevage du cheval, de l'âne, du mulet, du bœuf, du mouton, de la chèvre et du porc. 2e édition, revue, corrigée et considérablement augmentée, accompagnée de figures intercalées dans le texte, et la plupart représentant des animaux domestiques. 2 forts volumes in-8°. 1857 . . . . 16 »

Indigestions gazeuses du cheval (des) et de l'efficacité de la ponction du cœcum comme moyen curatif, par CHARLIER, médecin-vétérinaire. Brochure in-8°, figures. . . . . » 50

Insecte (Notice sur un) qui a ravagé nos récoltes de blé sur pied, par C. BAZIN. 32 pages et planche coloriée 1 50

Lapins (Traité de l'éducation des diverses espèces de) utiles et de fantaisie, précédé d'un calendrier indiquant la succession régulière : 1° des diverses opérations qu'exige la garenne domestique ou clapier; 2° de toutes les operations culturales à faire dans le terrain affecté à la nourriture des lapins; 3° les époques précises où chacune doit se faire, par MILLET, amateur, et GÉRARD, éleveur à Paris. In-18 jésus, avec 15 figures . . . 1 50

Lapin domestique (le). Manière de le soigner, de le multiplier et d'en tirer un grand profit, ou nouveau moyen d'industrie appliqué à toutes les fortunes et à toutes les intelligences, etc., par M. DESPOUY. 1838. In-8° 1 25

Lapins (Nouveau traité pratique de l'éducation des diverses espèces de), par SEGOUIN. 58 pages in-12. . . . . » 50

Oiseaux de basse-cour. Poules, dindes, oies, canards, pintades, faisans, pigeons. (Voir *Bibliothèque du Cultivateur.*)

Poulailler (le), par Ch. JACQUE. 1 vol. in-8° de 336 pages et 120 gravures . . . 7 50

Poules (Art d'élever, de multiplier et d'engraisser les), poulets et les chapons. 3e édition, in-18, 36 pages . . . . » 50

Porc (Mémoire sur l'éducation, les maladies, l'engrais et l'emploi du), ses différentes races et les moyens de les améliorer, par E. VIBORG et YOUNG. 2e édition considérablement augmentée de notes traduites de l'anglais. 1 vol. in-8° orné de 8 gravures 4 50

Porc (le). Sa multiplication, son élevage et son engraissement, par **Magne**, professeur à l'École vétérinaire d'Alfort. 2e édition, in-8°, 96 pages . . . . 2 »

Sportsman (Guide du), ou Traité de l'entraînement et des courses, par Eug. Gayot, ancien directeur des haras. 2e édition. 176 pages in-8°. 3 50

Taupier (Art du), par **Dralet**. 16e édit. In-12 de 66 pages. . . . . 1 »

Vaches laitières (Guides des propriétaires et des cultivateurs dans le choix, l'entretien et la multiplication des), par Eugène **Tisserant**, professeur à l'École vétérinaire de Lyon. 1 vol. in-12 de 264 pages avec figures . . . . 3 »

Vaches laitières (Choix des). Description des signes à l'aide desquels on peut apprécier leurs qualités lactifères, par **Magne**, professeur à Alfort. (*Voir Bibliothèque du Cultivateur.*)

Vache laitière et de l'élève du bétail (Traité spécial de la), par **Collot**. 2e édition. 1 vol. in-8° et planch. . 6 »

Vaches laitières (Des moyens de distinguer les bonnes), par **Evon**. In-8° de 30 pages et 15 figures. 1 50

Vaches (de la castration des). Avantages de cette opération sous le rapport de l'économie agricole et de la consommation, cas dans lesquels elle doit être pratiquée, description sommaire du procédé opératoire, soins à donner aux vaches avant et après l'opération, par M. Pierre **Charlier**, médecin-vétérinaire. In-8°. 96 pages et figures. . . . . 1 »

Zootechnie. Choix, conservation, rendement et maladies des animaux domestiques, par Ch. **Knoll**, vétérinaire à la ferme-école du Haut-Rhin, professeur de zootechnie. 2 vol. in-8° de 870 pages et 66 planches. . . . . 12 »

X — ABEILLES

Abeilles (Instruction sur la manière de gouverner les), par **Serain**. 1802. 1 vol. in-8°. 1 50

Abeilles (Manuel de l'éducateur d'), par **de Frarière**. In-18°. 3 50

Abeilles (Traité pratique de l'éducation des), par J. **Roux**. In-18. . . . . 2 »

Abeilles (Méthode certaine et simplifiée pour soigner les), par **Février**. 1 vol. petit in-18, figures. 1 25

Abeilles (le conservateur ou la culture perfectionnée des), d'après les méthodes les plus récentes et avec application de celle de **Nutt**. In-8°, avec 3 planch. 1843. 1 50

Abeilles (de l'anesthésie ou asphyxie momentanée des), ses inventeurs et ses prôneurs, par **Hamet**. In-18. . . . . . » 40

Abeilles (Observation nouvelles sur les), par F. **Huber**. Nouvelle édition. 1814. 2 vol. in-8° et atlas de figures . . . . . 10 »

Apiculteur (Guide de l'), par **Debeauvoys**. 4e édition. 1 vol. in-12 de 340 p., avec figures 2 25

Apiculture (Cours pratique d'). Culture des abeilles, professé au jardin du Luxembourg, par H. **Hamet**. 1859. 1 vol. in-18 avec 85 figures dans le texte. . . . . 3 »

Apiculture perfectionnée (l'), ou Théorie et application pratique de la direction des rayons, par J. **Greslot**. 1 vol. in-18 avec 30 figures. 1 50

Apiculture simplifiée, ou nouvelles Instructions sur l'éducation des abeilles, par A.-N. **Desvaux**. 1 vol. in-18. . . . 1 25

Apiculture (Petit traité d'), ou Art de soigner les abeilles, par **Hamet**. 1 vol. petit in-18, 50 figures. . . . . » 60

XI — SÉRICICULTURE, MURIERS ET VERS A SOIE

Sériciculture (Petit traité de), par **Hamet**. 1 petit in-18, figures . . . . » 50

Vers à soie (Manuel de l'éducation des). Histoire naturelle, magnanerie, principes généraux, procédés, éducation, races, par **Robinet**. 1 vol. in-8° de 332 pages et 51 gravures. 3 50

Vers à soie (Traité de l'éducation des), et de la culture du mûrier, suivi de divers mémoires sur l'art séricicole. 4e éd. revue et augmentée, avec 5 planches gravées représentant les différentes phases de la vie du ver à soie jusqu'à sa transformation en chrysalide, plusieurs modèles de magnaneries modernes à ventilation, appareils à couper les feuilles de mûrier et tous les ustensiles d'une magnanerie, par **Bonafous**. 1 gros vol. in-8°, figures coloriées. 1840. . . . . . . 7 »

Vers à soie (Conseils aux nouveaux éducateurs de), résumé des méthodes à suivre pour planter les mûriers, élever les vers à soie, construire des magnaneries et filer les cocons, par **de Boullenois**. 2e édition. 1851. In-8°, figures. . 3 50

Vers à soie (Art d'élever les), pour obtenir constamment d'une quantité donnée de feuille de mûrier la plus grande quantité possible de cocons de la plus belle qualité, par M. le comte **Dandolo**, traduit de l'italien, par Ph. **Fontaneilles**. 6e édition. 1845. In-8°, figures. 7 50

Vers à soie (Maladies et amélioration des races de), par **Guérin-Menneville**. 32 pages in-18. . . . . 1 »

Vers à soie (Manuel pratique de l'éducateur de), par Alphonse **Taurigna**. 2e édition, revue et augmentée. 1859. 1 vol. in-8°. 6 50

XII — PISCICULTURE, ÉTANGS, PÊCHE, ETC.

Pisciculture, pisciculteurs et poissons, ou Mémoires d'un pisciculteur, par Eugène NOEL. 1 vol. in-18 jésus.. . 1 25

Pisciculture (Instructions pratiques sur la), par M. COSTE. 3e édition. 1 vol. grand in-18 avec figures dans le texte. . 1 50

Poissons observés (Diagnose des). Ichthyologie des côtes et de l'intérieur de la France, par DESVAUX. 176 pages. . . 2 50

Poissons (Multiplication artificielle des), par J.-P.-J. KOLTZ. 2e édition. 1 vol. in-12, orné de 27 figures. 1 50

XIII — MÉCANIQUE AGRICOLE, MACHINES ET INSTRUMENTS

Génie rural (le). (Voir *Architecture et Constructions rurales.*)

Mécanique agricole (Traité complet de). Ouvrage destiné aux élèves des écoles d'agriculture et des écoles normales primaires, aux fermiers, aux propriétaires et aux constructeurs d'instruments, par J.-A. GRANDVOINNET, ingénieur, professeur de génie rural à l'École impériale d'agriculture de Grignon.

EN VENTE : Trois livraisons de la *Mécanique générale* (introduction à la Mécanique agricole) et un atlas. 4 50

Deux livraisons de la *Machinerie agricole*, accompagnées d'un atlas de 21 pl. gravées sur acier. 4 50

Machines agricoles en général et Machines à vapeur rurales en particulier (Instruction pratique sur la construction, l'emploi et la conduite des), par Jules GAUDRY, ingénieur du chemin de fer de l'Est. In-18 de 100 p.. 1 75

Machines et instruments d'agriculture de la maison Peltier jeune, fabricant (Catalogue des). 1860. Oblong de 36 pages et 138 figures. 1 »

XIV — ARCHITECTURE, CONSTRUCTIONS RURALES, CHEMINS ET CLOTURES

Architecture rurale, par DUVINAGE, ingénieur civil, ancien architecte. 1 fort volume grand in-8° de 450 pag. de texte, et un atlas de 76 planches, représentant plans, coupes, élévations de tous les genres de constructions rurales, ainsi que les différents détails.. . . . . 25 »

Constructions rurales et de leurs dispositions (Traité des), ou des maisons d'habitation à l'usage des cultivateurs, des logements pour les animaux domestiques, écuries, étables, bergeries, porcheries, chenils, poulaillers, etc.; des abris pour les instruments, les récoltes et les produits agricoles, hangards, remises, fenils, granges, gerbiers, laiteries, etc., et de l'ensemble des bâtiments nécessaires à une exploitation rurale suivant son importance, par L. BOUCHARD, 2 vol. en 3 parties, grand in-8° avec de nombreuses figures dans le texte et 150 planches à l'échelle, représentant des plans, élévations et coupes de ces diverses constructions. . . . . 24 »

Écuries (des meilleures dispositions à donner aux), par Eug. GAYAT. 1859. Brochure in-8° avec figures. 1 25

Génie rural (le), ouvrage indispensable à l'ingénieur agricole et au cultivateur améliorateur. Machinerie agricole, constructions rurales, irrigations et drainage, etc., par M. J.-A. GRANDVOINNET, ingénieur, professeur de génie rural à l'École impériale d'agriculture de Grignon. 1 très-fort vol. grand in-8°, et un atlas de 62 planches gravées sur acier. . . . . 15 »
(Voir *aussi à Machines agricoles.*)

Porcheries (de l'établissement des), dispositions diverses, construction, par J. GRANDVOINNET. 1 vol. in-18 avec 95 fig. dans le texte. 2 50

Propriétaire-Architecte (le), contenant des modèles de maisons de ville et de campagne, de remises, écuries, orangeries, serres, etc., par U. VITRY. 2 vol. in-4°, 100 gravures par HIBON. . . . . . 20 »

PARIS — IMPRIMERIE CENTRALE DES CHEMINS DE FER DE NAPOLÉON CHAIX ET Cie, RUE BERGÈRE, 20. — 8558

www.ingramcontent.com/pod-product-compliance
Ingram Content Group UK Ltd.
Pitfield, Milton Keynes, MK11 3LW, UK
UKHW021624260726
13994UKWH00003B/1054

9 782329 328331